U0299380

工业污染场地

土壤污染空间分布研究

刘庚 著

科学出版社
北京

内 容 简 介

大型工业污染场地是一个全球性环境问题，工业污染场地不仅破坏区域土壤环境和生态系统的平衡，土壤中高含量的污染物质还会对人体健康造成严重威胁。在现有工业污染场地土壤污染物空间分布预测、风险评估和修复治理过程中，由于缺乏对数据空间统计特征、热点区识别及空间分布预测模型等方面的深入分析手段，造成环境调查结果有很大的不确定性和误差。本书在数据科学解读及空间分布预测等方面，建立了一套适合污染场地有机污染物空间分布预测及不确定性评价的科学方法体系，具有重要的理论和实践意义。

本书可作为高等院校、研究院所相关专业的教学用书，也可供环境科学和环境工程领域的科研工作者和技术人员参考。

图书在版编目（CIP）数据

工业污染场地：土壤污染空间分布研究/刘庚著. —北京：科学出版社，2017

ISBN 978-7-03-053276-3

Ⅰ. ①工… Ⅱ. ①刘… Ⅲ. ①工业污染防治-研究 Ⅳ. ①X322

中国版本图书馆 CIP 数据核字（2017）第 128648 号

责任编辑：周艳萍 刘文军 / 责任校对：陶丽荣
责任印制：吕春珉 / 封面设计：王子艾工作室

科学出版社 出版
北京东黄城根北街 16 号
邮政编码：100717
http://www.sciencep.com

三河市骏杰印刷有限公司印刷
科学出版社发行 各地新华书店经销
*
2017 年 11 月第 一 版 开本：B5（720×1000）
2017 年 11 月第一次印刷 印张：9 3/4
字数：226 000

定价：68.00 元

（如有印装质量问题，我社负责调换〈骏杰〉）
销售部电话 010-62136230 编辑部电话 010-62151061

前　言

大型工业污染场地是一个全球性环境问题，不仅破坏区域土壤环境和生态系统的平衡，土壤中高含量的污染物质还会对人体健康产生严重威胁。近年来，污染场地引起的危害事件和带来的环境污染问题已引起广泛关注，基于风险的污染场地管理和修复治理工作已显得极为迫切和重要。另外，污染场地的存在对社会经济发展、相关规范的制定以及土地利用类型的转变都具有重要影响，是目前各国共同关注的环境问题。

在现有工业污染场地污染物空间分布预测、风险评估、修复治理过程中，由于缺少对数据统计特征、空间特征以及热点区识别的深入分析手段，造成环境调查结果有很大的不确定性和误差。国内针对大型工业污染场地开展了广泛研究，但研究重点主要集中在污染场地风险评估与控制、污染场地修复治理措施及相关技术等方面，对于污染场地土壤中污染物空间分布表征及不确定性研究，目前还未有相关资料进行系统性报道。

本书以我国多个典型工业污染场地为研究案例，立足于污染场地管理方面的需求，基于经典统计学、环境科学、地统计学等理论方法体系，拟在数据解读方面针对污染场地污染物样点含量数据提供一套科学的数据分析流程和手段。本书综合运用多种方法学手段，系统地阐述了大型工业污染场地土壤污染物空间分布表征及不确定性评价的流程体系，内容丰富，层次清晰，具有技术性、全面性、创新性和专一性的特点。

本书是作者对过去相关研究成果的总结，包括国家自然科学基金项目“顾及污染物向异性特征的土壤有机污染物三维空间分布预测方法研究”（编号：41401236）、山西省自然科学基金项目“典型工业污染场地地下水健康与生态风险评价研究”（编号：2015021166）、山西省人文社科重点基地项目“汾河流域典型区域土壤污染识别及控制对策”（编号：2016330）、环境保护部科研专项子课题“污染场地中典型污染物迁移过程与表征方法研究”等。本书得以出版，作者要感谢山西农业大学毕如田教授、中国环境科学研究院郭观林研究员、太原师范学院王尚义教授、牛俊杰教授、郭文炯教授对本书编写提出的宝贵建议和指导；同时感谢科学出版社周艳萍老师所付出的辛劳。

鉴于作者水平有限，书中缺点和不当之处在所难免，恳请广大读者批评指正。

作 者

2016 年 10 月

目　录

第 1 章　绪论 …… 1

第 2 章　工业污染场地土壤污染及环境风险 …… 5

2.1　污染场地土壤污染空间分布的不确定性 …… 5
2.2　污染场地土壤污染环境风险及空间分布表征技术 …… 7
2.2.1　污染场地数据统计分析及空间插值技术 …… 7
2.2.2　污染场地高偏倚性数据处理及热点区识别 …… 13
2.2.3　污染场地采样调查过程中的不确定性分析 …… 15
2.2.4　污染场地管理现状及其环境风险 …… 16

第 3 章　案例污染场地特征与样点数据采集 …… 27

3.1　焦化污染场地特征描述 …… 27
3.2　土壤样点数据采集与分析 …… 30
3.2.1　土壤样点数据采集 …… 30
3.2.2　土壤样点数据分析 …… 32
3.3　污染场地概念模型 …… 33
3.4　场地调查与初步污染识别结果 …… 34

第 4 章　场地土壤中 PAHs 污染数据的统计特征分析 …… 36

4.1　研究方法 …… 37
4.1.1　多元统计分析方法 …… 37
4.1.2　全局趋势分析方法 …… 41
4.1.3　局部变异分析方法 …… 41
4.2　统计特征分析 …… 42
4.2.1　描述性统计特征 …… 42

4.2.2 多元统计分析 …… 46
4.2.3 样点含量数据异常值识别 …… 51
4.2.4 空间分布趋势分析 …… 54
4.2.5 局部空间变异分析 …… 57

第5章 场地土壤中PAHs污染的热点区识别 …… 62

5.1 研究方法 …… 63
5.1.1 全局Moran's I及局部空间自相关 …… 63
5.1.2 空间权重矩阵 …… 65
5.1.3 全局空间自相关和局部空间自相关适用性对比分析 …… 65
5.2 全局空间自相关性分析 …… 66
5.2.1 全局空间自相关的散点图分析 …… 66
5.2.2 全局空间自相关统计结果 …… 69
5.3 污染热点区识别 …… 70

第6章 场地土壤中PAHs空间分布的分异性特征 …… 74

6.1 研究方法 …… 75
6.2 阈值设定及指示半变异函数的拟合 …… 76
6.2.1 阈值设定 …… 76
6.2.2 指示半变异函数的拟合 …… 76
6.3 污染场地PAHs分布的指示克里格分析 …… 77

第7章 场地土壤中PAHs空间分布范围预测的不确定性分析 …… 81

7.1 研究方法 …… 82
7.1.1 数据正态变换方法 …… 82
7.1.2 插值模型 …… 83
7.1.3 插值精度评价方法 …… 86
7.2 正态变换方法对普通克里格模型预测结果的不确定性影响 …… 87
7.2.1 数据基本统计特征分析 …… 87
7.2.2 最优理论半变异函数拟合 …… 89
7.2.3 普通克里格模型预测结果分析 …… 90
7.3 不同插值模型预测结果的不确定性分析 …… 93
7.3.1 不同插值模型对均值、极大值和极小值的预测精度 …… 93

7.3.2　不同插值模型预测的污染范围分析 ······ 94
7.3.3　不同插值模型预测结果的不确定性分析 ······ 96
7.4　某铅酸蓄电池污染场地 Pb 空间分布预测 ······ 98
7.4.1　场地特征及样品采集分析 ······ 98
7.4.2　场地土壤中 Pb 含量统计及空间变异特征 ······ 99
7.4.3　不同插值方法对土壤中 Pb 的污染插值结果比较 ······ 101
第 8 章　场地土壤中污染物三维空间插值研究 ······ 106
8.1　研究方法 ······ 107
8.2　不同三维插值模型对土壤 Bap 预测结果的影响 ······ 111
8.2.1　钻孔数据的采集与分析 ······ 111
8.2.2　土壤钻孔样点含量数据的统计特征分析 ······ 112
8.2.3　污染场地的三维地层建模及分布表征 ······ 113
8.2.4　场地土壤中 PAHs 污染范围界定及土方量估算 ······ 115
8.3　顾及污染物向异性特征的土壤 Pb 三维分布预测 ······ 117
8.3.1　钻孔数据采集分析与插值参数设定 ······ 117
8.3.2　场地不同地层土壤中 Pb 含量的统计分析 ······ 119
8.3.3　不同模型估算场地不同地层受污染土方量分析 ······ 120
8.3.4　不同模型界定的 Pb 含量三维污染范围评价比较 ······ 121
第 9 章　非规则地形污染场地土壤中 PAHs 污染模式及分布特征 ······ 125
9.1　场地概况与样品采集分析 ······ 126
9.2　场地土壤中污染物含量特征 ······ 127
9.2.1　不同分区土壤中 PAHs 含量 ······ 127
9.2.2　场地不同分区及不同土层土壤中 PAHs 残留特征 ······ 129
9.3　场地土壤中污染物污染模式及空间分布规律 ······ 130
9.3.1　不同分区中污染物样点分布的主成分分析 ······ 130
9.3.2　场地土壤中特征污染物空间分布特征 ······ 131
第 10 章　工业污染场地土壤污染空间分布规律 ······ 134
参考文献 ······ 137

第1章 绪论

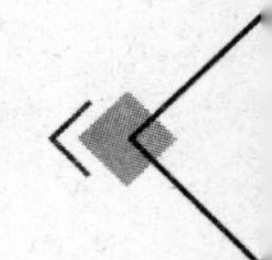

污染场地是一个全球性的环境问题，尤其是大型工业污染场地，更是许多国家环境监管和风险管理的重点对象。近年来，随着我国经济的迅速发展和产业调整步伐的加快，某些经济发达城市的工业污染企业已普遍关停或者搬迁。遗留的工业污染场地数量及污染程度呈现上升趋势，工业污染场地引起的环境问题日益突出，对生态环境和人类健康造成了严重威胁，极大地制约了我国城市土地资源的可持续发展。

区域土壤环境是整个生态环境系统的重要组成部分，工业污染场地不仅破坏了区域土壤环境原有的生态功能与系统平衡，赋存在土壤中的各种污染物还会通过迁移转化、富集，对生物和人体健康产生危害。

污染场地的存在对国家的经济可持续发展、土地资源再利用、法律法规和相关行业标准的制定等都有重要的影响，已引起了我国政府部门的高度关注。与发达国家相比，目前我国对污染场地环境风险管理还缺少完善的法律和管理体系，在理论基础和技术储备方面尚待完善，因此针对我国污染场地管理和应用方面的需求，有必要加强新的理论和技术方面的研究。

污染场地中污染物的空间分布信息和污染分布表征是场地风险评价及修复治理决策制定的基础。受人类强烈干扰和污染累积释放因素的影响，污染场地的污染特征不同于一般面源污染，在局部区域存在污染热点区。目前常用的空间分布预测插值方法都是以对样本总体含量特征的最佳预测为目标，在对污染场地污染土壤样点含量数据进行空间分布预测和表征时，会使污染热点区域产生平滑现象，空间插值模型对污染场地中污染物空间分布的准确界定有较大影响。为准确界定污染场地中污染物空间分布范围，评价不同插值模型对预测结果的不确定性影响，分析不确定性产生的原因和预测不确定区域的分布，本书选择某大型工业污染场地为研究对象，运用多元统计分析、趋势分析理论和空间局部变异理论揭示污染土壤样点含量数据的统计特征；采用空间自相关理论分析样点在场地中的聚集特征并识别污染热点区域；结合非参数地统计学中指示克里格模型、反距离加权模型、Johnson 数据正态变换+普通克里格模型以及分块组合预测模型预测污染场地中特征污染物空间分布范围并进行不确定性评价；基于地质建模系统及三维表征技术对污染物在不同地层上的分布进行三维插值和可视化表征。

本书以工业污染场地为研究对象，综合运用上述多种方法学模型，系统揭示了场地中土壤污染物空间分布规律及不确定性，主要探讨领域和研究内容如下。

1. 污染物样点含量数据的统计与空间特征分析

1）分析目标污染场地中污染物样点含量数据的描述性统计特征，获取样点含量数据的频率分布规律并识别样点数据中的异常真实高值点。

2）利用经典多元统计分析方法中的主成分分析、相关性分析和聚类分析方法，分析污染物样点含量数据的多元统计规律，获取污染物的来源、成因以及污染特征与场地生产工艺的关系。

3）从三维透视角度来分析采样点数据在整个场地中的分布情况，比较不同污染物的空间分布趋势，判别其在土壤中累积的影响因素，结合场地历史生产和车间布局情况进行叠加分析，揭示场地中污染物的整体分布趋势和污染成因。

4）采用 Voronoi 方法，分析样点与相邻样点的相似性，判别土壤中污染物含量的局部变化特征。

2. 场地土壤中污染物的热点区识别

1）基于空间自相关理论，分析污染物的全局空间自相关特性，描述整体分布状况，判断在空间上是否有聚集特征。

2）分析污染物的局部空间自相关特性，描述区域单元与周围区域单元之间的空间聚集程度和空间上的阶层性分布特征。

3）基于全局和局部空间自相关特征，分析污染物在目标污染场地中的热点区和冷点区的分布特征和规律。

3. 污染物空间分布的分异性特征研究

1）采用非参数地统计学中指示克里格预测模型，对污染物在场地中的空间分布进行概率预测，绘制污染概率分布图。

2）获得各概率区间的污染分布面积，确定目标场地中高概率污染的重点区域以及污染概率分布规律。

3）将污染概率图与采样点和原厂区生产平面布置图叠加分析，描述污染物空间分布的分异性特征。

4. 污染物空间分布范围预测的不确定性分析

1）分析污染物含量数据的统计特征及不同空间插值模型的适用原理，研究如何对大型工业污染场地中具有异常真实高值点的含量数据进行分布预测。

2）针对本场地样点含量数据集具有严重偏斜性的特征，比较3种典型数据正态变换方法（Box-Cox、Johnson、Normal Score）对普通克里格模型预测结果的影响，评价不同正态变换模型的插值精度。

3）比较常用插值模型中的反距离加权方法、Johnson数据正态变换+普通克里格模型以及数据拆分后的组合预测模型对特征污染物预测的结果，分析不同预测模型的总体精度及对数据统计特征的预测精度，揭示误差产生的原因，并评价预测结果的不确定性和不确定性产生的原因。

4）建立适合表征具有严重偏斜数据特征的最佳空间插值模型，基于空间预测结果，创建预测标准误差图，界定出在判断规则条件下预测的污染范围、未污染范围和污染的不确定性区域。

5. 污染物的三维可视化表征及污染土方量估算

1）基于地质建模系统和土壤钻孔样点数据，通过构建场地的地层三维模型，模拟场地中地层在真三维环境中的分布，获取不同地层的分布状况和分布规律，加强对场地地质特征的认识，辅助分析污染物在不同地层的分布和迁移规律。

2）采用不同的三维插值方法及综合污染物向异性结构特征，对场地特征污染物进行三维插值预测，揭示污染物在不同地层中污染分布状况和分布规律；通过交叉验证结果，比较不同三维插值模型的精度，建立适合本场地特征的最佳三维预测模型。

3）基于设定的污染阈值，采用预测精度最高的三维预测模型，界定特征污染物在不同地层中的污染范围，并估算受污染土壤的土方量。

6. 顾及地形特征的污染场地土壤多环芳烃污染模式及分布特征研究

1）根据该场地地形特征，结合原厂区车间布局，将该场地划分为西部、西南、东北3个分区，在每个分区内根据污染源分布，按照判断布点的原则进行布点并采集样品。

2）采用三维克里格模型表征场地特征污染物空间分布规律，进行三维插值计算，综合场地地形特征，即将整个地层数据视为一个整体和考虑地表高程差两种情况进行计算。

3）采用二维和三维克里格插值模型，对比分析研究不同模型在考虑和不考虑地表高程差对界定污染范围和受污染土方量的影响。

4）采用多变量多元统计分析方法，揭示不同地形区域内样点的空间组合及分离特征，综合分析场地特征污染物的空间分布模式。

在现有工业污染场地中污染物空间分布预测、风险评估、修复治理过程中，由于缺少对数据统计特征、空间特征以及热点区识别的深入分析手段，造成环境调查结果有很大的不确定性和误差。本研究拟在数据解读方面针对污染场地有机污染物样点含量数据提供一套科学的数据分析流程和手段。在数据分析结果和比较不同插值模型基础上，采用数据拆分的二维插值模型及顾及污染物向异性特征的三维空间插值模型，建立了适合表征具有很大偏斜度和极大异常值数据特征的空间插值方法，并能够评价污染空间分布预测中的不确定性区域及产生不确定性的因素。

第2章

工业污染场地土壤污染及环境风险

2.1 污染场地土壤污染空间分布的不确定性

污染场地，尤其是大型工业污染场地是一个全球性环境问题（黄瑾辉等，2012；Forslund et al.，2010），在西方一些发达国家工业污染土壤比例高达20%以上，同时这些国家长期以来在污染场地环境管理方面开展了大量工作（Agostini et al.，2012；Lemming et al.，2012；Agnew et al.，2011；Baciocchi et al.，2010）。工业污染场地不仅破坏区域土壤环境和生态系统的平衡，土壤中高含量的污染物质还会对人体健康产生严重威胁（Szabová et al.，2008；Colombo et al.，2006），污染场地引起的危害事件和带来的环境污染问题已引起广泛关注，基于风险的污染场地管理和修复治理工作已显得极为迫切和重要（Sinha et al.，2007）。另外，污染场地的存在对社会经济发展、相关规范的制定以及土地利用类型的转变都具有重要影响，是目前各国共同关注的环境问题。

近年来，伴随着我国经济的高速发展和城市规模的扩大，污染场地及其严重危害事件时有报道，由污染场地所引起的生态环境破坏、食品安全降低、人体健康危害等环境问题日益突出，污染场地分布与污染程度呈现上升趋势（骆永明，2011；2009）。由于污染场地对人体和环境产生了重大危害，因此为适应我国在污染场地管理方面巨大的技术需求，迫切需要开展污染场地风险评价、管理等方面的技术研究。与发达国家相比，目前我国对污染场地环境风险管理还缺少完善的法律和管理体系，在理论基础和技术储备方面尚待完善（郭观林等，2010；2009），极大地制约了我国污染场地环境监管的水平和力度。为了提高我国污染场地科学管理的水平，控制污染场地的泛滥，修复治理已有污染场地的危害，必须加快我国工业污染场地环境监测、风险评估与功能修复技术的研究，提升我国污染场地环境管理决策水平及应对环境风险的能力。

在我国一些经济发达或快速发展城市，由房地产等行业引起的对某些土地利用类型的用途改变，促使污染场地修复工作陆续开展（胡新涛等，2012；陶锟等，

2012)。污染场地中污染物的空间分布信息和污染分布表征是场地风险评价及修复治理决策制定的基础。受土壤空间异质性及污染调查手段的影响，在实际污染场地环境调查工作中，污染物空间分布预测结果与实际情况相差较大，导致场地中污染物的污染评价存在一定的误差和不确定性。降低场地环境调查的不确定性，提高污染物空间分布预测结果的精度，对场地的环境管理以及修复治理具有重要的理论及现实意义。污染场地中污染物含量受历史生产过程中人类强烈干扰和累积释放因素的影响，在场地土壤中具有极强的空间异质性和空间分布的不连续性，依据现有的采样布点方案，很难采集具有足够代表性的样点，采样布点方案及空间预测插值模型是导致污染场地环境调查结果不确定性的主要因素（姜成晟等，2009）。受采样成本的限制，很难进行大规模样点采集，在实际工作过程中，通常基于现有采样点，通过比较不同插值模型的适用范围和预测精度来提高调查结果的准确性（Panagopoulos et al.，2006）。因此，空间插值模型的选择对污染物空间分布预测结果的精度有重要影响。目前常用的空间分布预测插值方法都是对样本总体含量特征的最佳估计，在应用于污染场地污染物空间分布预测时，可能会对污染热点区域产生平滑现象，在对污染场地中污染物进行空间分布预测时会出现低值被高估和高值被低估的现象。另外，污染场地属于典型的点源污染，在人类强烈干扰和污染成因等因素影响下，其有机污染物含量在局部地区存在异常真实高值现象，样点含量数据具有很大的偏斜度和空间不连续性，也难以直接用现有空间插值模型进行空间分布预测计算。如何依据污染场地有机污染物的性质，构建一套数据特征结构分析和空间分布预测的科学方法体系，是目前实际工作中面临的亟须解决的问题。

由于污染场地土地利用类型的变化，目前已有大量场地进入调查、评估和修复过程，所有过程均以采样点数据为基础，来揭示污染物空间分布和累积释放效应。污染场地土壤污染调查数据大多都是离散的点状数据，在污染物空间分布、风险评估、修复范围确定等工作中需要统计分析这些点状数据以揭示污染物的时空演化规律。因此基于采样调查点状数据，对其进行统计特征和空间特征分析是研究污染物空间分布规律、分异性特征及不确定性的基础。同时，污染场地中污染物空间分布的准确界定也是污染场地环境调查和风险评估等相关工作的基础，对修复范围的确定、修复土方量的估算以及修复治理成本具有直接重要影响。

受人类强烈干扰和点源污染的影响（Rawlins et al.，2005；Lark，2002），污染场地的污染特征不同于一般面源污染。样点数据特征影响空间预测和风险评价计算模型的选择，会对结果产生很大的不确定性（Wu et al.，2011；Sinha et al.，2007）。在实际工作过程中经常不考虑数据统计规律和空间特征，缺乏数据的有效深入分析，从而降低了调查结果的精度，进而影响到污染物空间分布的准确界定。

因此，本研究立足于污染场地管理方面的需求，基于管理学、经典统计学、环境科学、地统计学等理论方法体系，利用多元统计分析、空间变异分析、趋势分析等模型分析污染数据结构特征、空间变异及空间连续性的特点，采用非参数地统计学中指示概率预测模型研究污染土壤中污染物的空间分异性特征；比较常用插值模型中的反距离加权方法、Johnson 数据正态变换+普通克里格模型以及数据拆分后的组合预测模型对特征污染物预测的精度，提出适合具有较大变异性和较高偏斜度数据特征的污染预测方法思路，评价污染预测过程中的不确定性及产生不确定性的原因；运用三维建模系统模拟场地的地层分布状况，并对污染物在不同地层中的分布进行三维可视化表达。本研究从数据科学解读及空间分布预测等方面建立了一套适合污染场地有机污染物空间分布预测及不确定性评价的科学方法体系，具有重要的理论和实践意义。

2.2　污染场地土壤污染环境风险及空间分布表征技术

2.2.1　污染场地数据统计分析及空间插值技术

1. 采样调查数据处理程序与基本原理

污染场地的环境调查、风险评价及空间分布预测等工作过程均以土壤采样点数据为基础，污染场地土壤采样数据同其他地学数据获取类似，要经过采样、预处理和化学分析等一系列步骤（裴韬等，1998），以前受采样仪器、采样方法及化学分析实验条件的影响，会产生不同过程的误差，使最终获取的数据中含有一定的“噪声”，常采用移动平均法、傅里叶滤波法和小波滤波等方法进行去噪处理（秦前清等，1994；Aminzadeh，1991；胡以锵，1991）。随着科学研究的不断发展，采样仪器和采样方法也都有很大的进步，样品分析化验的精度也有了极大提高，现阶段土壤样品中污染物含量的分析精度已经达到 ppb 级（10^{-9}），经采样分析化验的样点含量数据质量和精度能够满足现有应用要求。污染场地采样点含量数据由于包含空间坐标信息，因此是一种特殊类型的空间数据（李德仁等，2003；1998）。除传统统计方法学手段外，目前已有多种空间数据挖掘技术和探索性空间分析技术引入地学数据或环境调查数据的研究中来。

传统统计学中的描述性统计分析方法能够从数理统计学的角度反映样点含量数据集的特征，在区域土壤环境调查中常采用描述性统计分析方法来分析采样点数据集的统计学规律（谢云峰等，2010；刘江生等，2008）。描述性统计分析可以描述样点含量数据的各种特征及所代表的总体特征，便于发现数据集的内在规律。描述性统计分析要对目标数据集所有变量的相关数据进行统计性描述，主要有数据的频度分析、集中趋势分析、数据离散度分析等。常用的描述性统计指标包括样点含量数据的范围、均值、标准差、方差、中值、四分位数、偏度、峰度、变异系数等。集中趋势分析是指数据集向某一中心值靠近的程度，反映数据集中心点所在的位置，常用众数、中位数、均值等指标来表征。数据离散程度反映了各变量值远离数据集中心值的程度，也从另一个侧面说明了集中趋势测度值的代表程度，测度指标主要有全距、四分位差、平均差、标准差、方差和离散系数。

经典统计学中的多元统计分析方法已广泛应用于区域土壤环境采样调查数据中。相关性分析、主成分分析和聚类分析等多元统计分析方法可以简化数据，用综合指标代替一类相关性较高的数据，从而反映数据之间的关联（吕建树等，2012）。多元统计分析方法在农业、生物、环境等领域有着广泛的应用（Dominick et al.，2012；陈修康等，2012；Arrouays et al.，2011；Selvarasu et al.，2010；Saby et al.，2009），在城市土壤（陈景辉等，2011；Zhang，2006；Li et al.，2004），尤其农业土壤（Cai et al.，2012；石宁宁等，2010；Franco et al.，2009；Micó et al.，2006；Martín et al.，2006）重金属源解析方面，取得了较好的效果。但多元统计方法应用于大型工业污染场地样点数据统计分析的报道还不多见。相关性分析可以检验数据集之间的近似性，对土壤污染中各种污染物含量数据进行相关性分析，可以判别土壤污染物的污染成因及识别不同的污染来源（Chen et al.，1997）。主成分分析可以同时分析多个要素，将多个元素构成的数据矩阵在多维空间的变异归纳为几种少数互不相关的潜在因素的影响。在土壤污染调查中，主成分分析方法可以用于区域人类活动和自然背景对土壤污染物累积的贡献（Idris，2008；Facchinelli et al.，2001）。主成分分析在区分土壤元素主要来源方面具有优势，即不需要对元素形态进行细致分析，对数据量没有特别要求，也不需与历史数据对比，即可判断出哪些土壤元素含量受到人为因素的影响明显（赵彦锋等，2008）。聚类分析可以根据样本自身的属性，用数学方法比较各要素之间的性质，依据某些相似性或差异性指标，来定量描述样本之间的亲疏关系，并按这种关系的亲疏程度对元素进行聚类（程荣进等，2009），在土壤污染调查中，聚类分析方法可以判别污染物的相似程度。多元统计分析方法虽然没有本质差异，但不同方法的分析结果可以相互验证（Yalcin et al.，2008）。

随着空间信息技术的发展，趋势分析理论被引入环境领域应用中（马民涛等，2010；齐鑫山等，2000），利用趋势分析能够从不同角度分析样点含量数据的全局趋势分布，有助于判别污染成因和在土壤中累积的影响因素。空间趋势分析主要表达空间物体在空间区域上变化的显著特征，反映了空间物体的总体规律，而忽略局部的变化情况。全局趋势分析根据抽样调查数据，拟合一个数学曲面，用数学曲面来表达空间分布的变异情况。如果能较好模拟出样点含量在整个区域中的趋势分布规律，进而能更准确地模拟短程随机变异，则可以从生成的趋势面分析透视图中看出全局趋势。

空间自相关是区域化变量的基本属性之一。空间自相关统计可用于检测研究区域内变量的分布是否具有空间结构（张朝生等，1995），在区域土壤环境变量的相关研究中也经常用到空间自相关方法。土壤中各种元素以及赋存于土壤中的污染物虽具有一定的空间变异性，但同时土壤在空间上是一个自然连续体，土壤空间上的这种连续性的存在使得邻近样点的相似性比距离较远的样点高，并且在空间自相关范围以内的采样也并非完全独立。用传统的数理统计方法对其进行研究，由于其不能满足随机条件而可能产生偏差（Zhang et al.，1997）；而空间自相关分析方法是对区域变量空间分布相近样点间的相关程度进行检验（Martin，1996），通过检验反映出空间上某样点值与相近空间点上的样点值的显著相关程度（Waser et al.，1990）。空间自相关方法揭示了在空间上变量样点位置越靠近，其属性值越相似的空间分布特征。当某一变量值高而其周围样点属性同样是高值时，称为空间正相关性，相反，则称为空间负相关性。空间自相关方法在土壤微量元素（郭旭东等，2000）、土壤有机质（黄智刚等，2006）、土壤重金属（霍霄妮等，2009）等领域都有较好的应用效果。空间自相关分析使用全局和局部两种指标进行描述。全局空间自相关描述样点变量在整体空间上的分布状况，判断在空间上是否存在聚集特征，用单一值来反映该区域的自相关程度，但不能明确指出在哪些区域。局部空间自相关描述每一个空间单元与邻近单元就某一属性的相关程度（张松林等，2007）。将全局性不同空间间隔的空间自相关统计量依次排序，绘制空间自相关系数图，可以发现该现象在空间上是否有阶层性分布。

数据离群值识别、局部空间变异分析和多数据集协变分析也是常用的区域土壤环境变量数据处理分析方法。数据离群值是指数据中某个或某几个数值与其他数值差异较大，包括全局离群值和局部离群值两类。全局离群值是指对于全体数据来说，个别数据值高于或低于其他数据值很多；局部离群值是指整个数据集中的数据都处于正常范围，但个别数据与其相邻数据差异较大。离群值可能是由于化验分析等处理不当产生的，也有可能是真实异常值。如果离群值由人为因素引起，则在数据集中要将其修改或删除，否则将影响半变异建模和邻域分析的取值。在土壤污染调查中，离群值是研究和诊断污染的重点。在单个变量、样本量较小的情况下，t 检验、Dixon 检验、Grubbs 检验及 Walsh 检验具有较好的识别效果（赵慧等，2003；陶澍，1994）。局部空间变异分析可以揭示土壤采样点与周围采样点之间的关系，通过分析某个样点与其相邻点的相似程度，可以识别土壤中污染物的局部变化情况、空间离散特性及局部区域受点源污染影响的特征，有助于判别局部重污染区域及污染影响范围。局部空间变异分析可以采用局部变异系数来描述，Thiessen 多边形为常用的计算方法，该方法在几何形体重构、图像处理、地统计学和城市规划等领域有着广泛的应用（姚荣江等，2006；刘金义等，2004；张龙等，2004；王新生等，2002），但在区域土壤环境或工业污染场地领域的应用并不多见。根据特定的研究目的和研究区域，通常获取的不是单一数据，而是分层获取的不同专题数据集，需要进行多数据集协变分析，可以采用正交协方差来观察不同数据集的交叉相关性。多数据集的交叉相关性特性可以反映不同专题数据的关联特征，在空间统计分析中，可以利用这种相关性来增强建模效果。

2. 空间插值模型在污染土壤分布预测中的应用

经典统计学方法不考虑区域环境变量的空间位置信息，把研究对象作为随机现象进行统计（王政权，1999；周国法等，1998），在土壤污染评价时，不能表达污染物在空间位置上的信息，具有很大的局限性。目前，对于土壤污染中污染物空间连续性的真实分布还没有直接能够获取分布范围的方法，随着计算机技术和地理信息系统的发展，常基于土壤采样点数据采用空间插值模型预测计算其空间分布（Zhao et al.，2007）。空间插值技术的基本理论假设是，在空间上位置越靠近的点，其属性值的相似程度越高；而距离越远的点，其属性值相似的可能性就越小（Baillargeon，2005）。在空间插值技术的假设基础上形成了多种插值方法，总体上分为两大类，即确定性插值模型和地统计插值模型。确定性插值模型基于目标区域内的近似特征（反距离加权模型）或平滑度（径向基函数模型），由已采集的样点含量数据来插值未采集样点区域的表面。确定性插值模型分为全局性插值模型和局部性插值模型，前者以目标研究区内所采集的样点含量数据作为基础，对整个区域进行插值计算，主要包括全局多项式插值等方法；局部性插值模型则使用一个大研究区域中较小空间单元的已知样点来计算预测值，包括反距离加权插值、径向基函数插值和局部多项式插值。地统计插值即克里格插值，包括普通克里格、简单克里格、泛克里格、概率克里格、析取克里格和协同克里格几种插值方法。地统计插值模型利用的是已知样点的统计特性，不但能够量化已知点之间的空间自相关，而且能够解释说明采样点在预测区域范围内的空间分布情况（Emery，2006；Bourennane et al.，2000）。

每种插值方法都有各自的适用条件和原理，并且不同的插值目的最终对插值的效果评价也都不同（Campling et al.，2001；Borga，1997）。例如，最近邻插值适用于较小的区域内，且变量空间变异性也不明显的情况，其缺点是受样本点影响较大，只考虑距离因素；样条函数插值不适用于在短距离内属性有较大变化的地区等。确定性插值模型中的各种方法在具体使用中优劣不尽相同（董敏等，2010；

李本纲等，2007；Schloeder et al.，2001； Bourennane et al.，2000）。地统计插值模型由于能够提供最佳无偏估计且考虑样本空间结构信息（Goovaerts，1997），因此被广泛应用于土壤污染的空间分布预测（Bargaoui et al.，2009；Goovaerts et al.，2008；Franco et al.，2006；胡克林等，2004）。当目标污染物数据符合正态分布时，地统计学中克里格方法非常有效。

传统的空间插值方法不考虑样点间在空间上的相关性，预测结果不能很好地反映空间结构信息，也不能够评价插值结果的不确定性。用特定函数来反映被插值要素的空间特征，势必会受到插值要素空间分布的变异性及要素之间在空间上的相互作用等因素影响，同时还会受到给定点的典型性（或空间代表性）、特征值的测量精度以及时空尺度效应等影响（朱会义等，2004）。因此，目前各种插值模型并存，每种插值方法都有其各自的理论基础和适用范围。针对特定的研究区域、插值要素和研究目的，要对多种插值模型进行比较分析（Price，2000；Running，1987；Puente，1986），选择预测结果最能反映真实现状的插值方法。不同插值模型的参数敏感性及可视化程度也是插值过程中需要考虑的因素。许多插值方法都涉及一个或多个参数的选择，如反距离加权法的阶数等。有些模型对参数的选择相对敏感，而有些方法对变量值敏感，后者对不同的插值要素会有截然不同的插值结果。另外，选择的插值模型要尽量与现有成熟软件集成，能够对插值结果进行可视化的表达。

3. 地统计学及其在区域土壤环境中的应用

地统计学最早在20世纪50年代由南非矿山工程师Krige提出，用于对品位、厚度及累积量等有用数值的空间分布研究（Matheron，1963）。20世纪60年代，法国著名统计学家 Matheron 在前人研究的基础上，对理论和实践方面进行了系统研究，于1962年提出并创建了地统计学，形成了一门新的统计学分支。地统计学自从创立之后，关于地统计学的专著不断出版，如Matheron在1962年，斯坦福大学的Journel在1978年、Ripley在1987年、Cressie在1993年分别出版了各自的著作，这些早期的著作系统地阐述了地统计学的基本理论，使地统计学成为了一门独立的科学。后来，Goovaerts在1997年、Chiles与Delfiner在1999年、Websterb在2000年、Lantuejoul在2002年又分别出版了各自关于地统计学的著作，后期的著作对统计学的理论和实践起到了更大的推动作用。地统计学理论在我国的应用和发展较晚，侯景儒在1982年将Journel的著作 *Mining Geostatistics* 翻译成中文版本，孙惠文在1998年将David的 *Geostatistical Ore Reserve Estimation* 也翻译成了中文，同时王仁铎、侯景儒、王政权、张仁铎等学者也分别出版了各自相关地统计学的著作（张仁铎，2005；王仁铎等，1988）。上述的译著和专著为地统计学理论在国内的发展应用奠定了基础。地统计学方法被引入国内后，其在理论和实践方面都有了很大的发展及应用，与国外差距也在不断缩小（侯景儒，1997）。

地统计学在发展过程中形成了两大理论流派，即以 Matheron 为代表的参数地统计学派和以美国斯坦福大学 Journel 教授为代表的非参数地统计学派（杜德文等，1995），这两个学派的模型计算和应用方法不同，参数地统计学致力于精确插值，而后者更关注随机模拟。地统计学模型能够描述区域化变量在空间位置上的连续性，将经典的回归方法与空间位置的连续性进行了很好的融合。随机变量在空间上的结构特征，即区域化变量的性质在距离上的相关关系，对建立最佳预计模型和设计最优采样方案都具有重要影响（张仁铎，2005）。根据区域化变量的不同特征，衍生出多种地统计学模型，当研究变量具有二阶平稳特征并且数据集的均值已知时，可以采用简单克里格模型；当区域化变量只满足二阶平稳性假设，但均值未知时，可以采用普通克里格模型。普通克里格是地统计学中最基本、应用最广泛的方法，在此基础上，根据特定的研究对象，为了提高预测精度，又发展了多种地统计学方法。当块段的大小等于原有平均点或样点所覆盖的范围时，可采用块克里格方法进行预测；当变量在空间上非平稳且具有方向性的趋势变化时，可采用泛克里格方法；当数据服从对数正态分布或三参数对数正态分布时，可采用对数正态克里格方法；当研究变量间的频率分布时，可采用指示克里格方法；当多个变量之间存在协同现象，且相关资料获取难易程度不同时，可以采用协同克里格方法进行预测。克里格方法在理论上能达到最佳无偏估计，但是在变异函数拟合模型及参数选择上具有较强的主观性。克里格方法虽能够实现空间格局的认识，但没有再现变量的空间结构，在预测过程中存在一定的平滑效应，即对低值部分预测的值偏高，而高值部分被低估（Goovaerts et al.，1997）。非参数地统计学方法可以部分降低预测过程中的平滑效应，但依然没有再现空间变量分布的全局变异性。为了再现空间结构，发展了条件模拟方法（Yao et al.，1998）。随机模拟的预测结果强调结果的整体相关性，它从整体上对变量空间分布提供了不确定性度量，虽然条件模拟再现了空间结构，但也牺牲了局部精度。不同方法预测的结果使得全局精确性和局部精确性相互存在（Journel，1983）。

随着计算机技术的发展，地统计学在理论迅速发展和渐趋成熟的同时，在 20 世纪 80 年代以后出现了众多商业化的地统计学软件，如 Gamma Design Software 公司在 1988 年推出的 GS+、美国 ERSI 公司在旗下地理信息系统软件 ArcMap 中内嵌的地统计分析模块、美国斯坦福大学的 Journel 教授开发的 GSLIB 软件、美国 Golden Software 公司开发的 Surfer 软件、瑞士洛桑大学开发的 VARIOWIN 软件以及 GeoEAS、GStat、ISATIS 等地统计学软件的出现。这些软件在估计预测、空间分析及可视化表达方面的功能都比较完善，进一步推动了地统计学学科的发展和应用。随着研究和应用的深入发展，有些研究人员根据特定研究目的和需求开发专门的软件包，如 UNCERT 可以对不同维数空间进行不确定性分析（William et al.，1999），可以模拟地表上物质分布，及评价地下水流和污染物流向。尽管我国科研人员利用地统计学在土壤污染及区域土壤环境中进行了大量研究，但我国在地统计学软件开发方面的工作发展相对较慢，仍处于滞后状态。虽有一些研究人员尝试开发具有地统计学功能的软件包，但其功能和推广应用都有待于进一步完善。

在区域土壤环境的相关研究中，最初采用 Fisher 的经典统计学方法来研究土壤及环境空间数据。经典统计学只考虑随机变量，样本值在理论上可以无限次重复，不能分析研究对象的空间结构，无法对区域化变量的空间信息做出准确的预测。针对具有空间结构信息的区域土壤环境中的变量，经典统计学的研究方法有很大的局限性。20 世纪 80 年代末，Webster 及其团队将地统计学理论引入土壤学界，极大地推动了相关研究的发展；Frangi 等于 1997 年对法国某场地土壤中铅、镉污染用地统计学方法制图；Castoldi 等于 2009 年对意大利北部生态农业区域土壤中磷元素用普通克里格方法插值来描述空间分布；Bechini 等于 2003 年用地统计学方法对土壤理化性质插值，以服务于农业灌溉规划；Komnitsas 等于 2006 年用地统计学方法对某采矿区域土壤进行风险评价；Burgos 等于 2006 年基于克里格方法对某修复土壤中微量元素污染的变化情况进行对比；Lark 等于 2004 年采用析取克里格与指示克里格方法对土壤养分的异质性进行研究并风险评价制图。我国学者同样用地统计学方法在区域土壤环境中开展了广泛的研究（张贝等，2011；李建辉等，2011；廖桂堂等，2007；谢正苗等，2006；毕华兴等，2006；路鹏等，2005；刘付程等，2004）。纵观国内外的相关研究，地统计学在区域土壤环境中主要从土壤养分的空间变异、重金属空间分布预测、土壤污染的风险评价、土壤污染制图、土壤理化性质及土壤水的风险评价等方面来展开应用。

2.2.2　污染场地高偏倚性数据处理及热点区识别

在土壤或者区域环境研究中，经常遇到土壤中元素或土壤中污染物的含量数据统计不符合正态分布且具有高偏倚性（Juang et al.，2001；Webster et al.，2001；Juang et al.，1998；McBratney et al.，1982；Journel，1980）的情况，受自然背景或人为干扰因素的影响，在一些采样低值点区域内存在异常真实高值点（Franssen et al.，1997）。地统计学克里格方法对符合正态分布的数据预测非常有效，对这种具有高偏倚性特征的数据预测会产生很大的平滑效应，导致预测结果有很大的不确定性（Campbell et al.，2008）。为了对具有高偏倚性统计特征的数据用克里格方法预测，一般采用数据正态变换的方法，使数据转化成正态分布或者近似正态分布。区域土壤环境数据的正态变换常采用两种转换方法，一是最常用的对数正态变换方法（Saito et al.，2000），该方法只对符合对数正态分布特征的数据有效。二是标准等级次序转换方法（Journel et al.，1996）和标准分数转换方法（Deutsch et al.，1998），这两种方法也都有着广泛的应用和良好的效果。标准等级次序转换方法适用于整合多种不同类型的数据集，标准分数转换方法也有其自身的适用范围。随着统计学理论的发展，又产生了不同的数据正态变换处理方法，如平方根转换、倒数转换、平方根后再取反正弦变换、幂转换、Box-Cox 数据正态变换和 Johnson 数据正态变换等方法。Box-Cox 变换是一个变换族，当可变参数取不同值时，该变换包含了对数变换和倒数变换的形式（McGrath et al.，2004）。Johnson 转换方法是由 Johnson 设计的分布体系，包含由变换产生的三族分布，对偏斜严重的数据具有很好的转换效果。不同的数据正态转换方法虽然可以将高偏倚性数据转换为近似正态分布，但将转换后的数据用克里格方法预测，预测结果同样会产生平滑效应，并且在预测结果进行逆变换回推的过程中，会使预测结果失真。在大尺度区域范围内或者对预测结果精度要求不是非常高的情况下，数据正态转换方法对高偏倚性数据有很好的转换作用，但是对于小尺度区域，以及对预测结果要求十分精确的情况，如工业污染场地这种案例，对经转换后的数据再进行插值预测，预测结果就不一定能达到特定要求。

污染场地土壤内污染物的分布特征不同于一般的面源污染，受历史生产、管理、车间布局及人为干扰等因素的影响，在局部地区存在重污染（热点区）现象。在污染场地调查和修复治理过程中，更多关注的是对热点区的识别及修复治理。热点区的去除对降低整个污染场地的危害有着重要的作用，热点区的识别也可以帮助了解污染场地的污染程度（Zhang et al.，2008），对补充采样计划的制订及修复措施的选择都有一定的支撑作用（Sinha et al.，2007）。关于热点区的描述，有多种方法可对其进行识别，Kulldorff 于 1997 年提出通过决定对给出的空间响应集群出现概率的机会变差，基于空间扫描统计来识别热点区；Patil 等于 2001 年提出在不定量区域利用有效测量值形成最佳线性无偏估计的方法来识别热点区域；最大熵法也被用于热点区的描述，先预定义热点区的临界值，然后用最大熵法来确定采集样点数据超过预定义临界值的概率（Carson，2001）；Sinha 也基于环境风险评价，通过虚拟真实场地提出了热点区识别的算法；Zhang 利用空间自相关方法，对城市土壤中重金属元素的热点区分布进行描述。我国存在大量污染场地，其中含有各种类型的工业污染场地，我国虽然在污染场地的污染物浓度空间变异（刘敏等，2010）、空间分布状况及形态（马运等，2009）、生态风险评价（阳文锐等，2008）及迁移转化规律（张志红等，2005）等方面开展了相关的研究工作，但对于污染场地中热点区的描述还没有开展系统的研究。对热点区的忽略，容易导致污染场地的风险评价、污染物空间分布预测及修复治理边界确定的结果具有很大的不确定性。在污染场地的调查过程中，除通过对场地背景的了解，判断场地整体污染状况外，还应根据采样点数据，采用相应的模型算法对场地中热点区特征和分布进行准确识别，有助于科学指导下一阶段的工作。

2.2.3　污染场地采样调查过程中的不确定性分析

1. 采样调查中布点的相关技术要求

目前，我国还没有针对污染场地采样布点的相关技术规程或标准，在实际操作过程中，都是参考相关标准来实施的。国家环境保护局、国家技术监督局于1996年实施的《土壤环境质量标准》（GB 15618—1995）中规定，土壤采样方法参照1986年由城乡建设环境保护部环境保护局编著的《环境监测分析方法》以及由中国环境监测总站编著的《土壤元素的近代分析方法》有关章节进行。2004年国家环境保护总局发布了《地下水环境监测技术规范》（HJ/T 164—2004）等五项国家环境保护行业标准。其中《土壤环境监测技术规范》（HJ/T 166—2004）对土壤采样布点做出了较为明确的要求，样品采集要遵循“随机”与“等量”的原则，布点可以采用简单随机、分块随机和系统随机3种方法来确定；对农田土壤采样、城市土壤采样和污染事故监测土壤采样分别做了相应的规定和要求，如监测单元的划分、对不同类型污染土壤的监测布点方案及样品采集的具体方法，对污染场地的采样布点起到了一定的参考作用。但是该技术规范主要针对全国土壤背景和农田土壤环境及土壤环境质量评价的需求，用于污染场地这种特定污染源还有一些局限性。因此，目前从国家层面上还没有关于污染场地采样调查的具体技术标准。

2. 采样方案对调查结果的不确定性分析

采样方案中采样布点方法、样品采集数量、密度对污染调查结果的精度有直接影响，设计一套科学合理的采样方案既能提高污染调查结果的精度，也能较好地降低采样成本，提高外业工作效率。污染土壤采样方法大多基于空间抽样与统计推断理论，有简单随机采样、系统随机采样、分层随机采样、整群采样、双重采样以及一些衍生出来的其他采样方法。使用这些采样方法获取的采样品由于在部分区域缺乏代表性或信息冗余而导致污染土壤调查结果的不确定性。越来越多的国内外研究者对污染土壤采样方案进行了深入的研究，国外的研究归纳起来可分为几种类型：一是研究采样本的数量和采样密度对污染调查评价的不确定性影响，如基于序贯高斯模拟的方法，采用多阶段的抽样策略，优化样本数量最佳方案（Verstraete et al.，2008）；采取分组取样策略、地统计学方法来降低采样密度并进行不确定性评价（Chen et al.，2009；Juang et al.，2008；Chang et al.，1998）；通过实验模拟（Pantazidou et al.，2008）、空间结构特征分析研究采样密度的效果（Wang et al.，1998）。二是将改进的采样方案与一些规定的污染土壤采样方案进行对比验证，来研究基于既定方案的采样对调查结果的不确定性，如对意大利环境保护署（Zorzi et al.，2008 a）、欧洲采样方法（Sastre et al.，2001 ；Fernando et al.，2001；Lischer et al.，2001）、澳大利亚（Aichberger et al.，2001）、荷兰（Katy et al.，2010）等一些地区、国家和机构规定的采样方案进行了不确定性验证；三是研究了不同的采样技术（Eccles et al.，1999）、采样设备（Zorzi et al.，2008 b）及化学分析产生的误差（Gustavsson et al.，2006；Michael et al.，1997）相对于采样方案对调查评价结果产生的不确定性影响。

国内关于采样方案对调查结果的不确定性研究大多是针对农田土壤养分或其他属性（陈天恩等，2009；任振辉等，2006）、土壤空间变异性等问题来优化布点采样方案（盛建东等，2005；王珂等，2001），但对污染场地土壤的采样方案空间布局及对污染调查结果的不确定性研究还未有系统的报道。

由国内外采样方案对调查结果的不确定性研究来看，传统的土壤采样调查设计已不具备通用性，采样获取的样本数据不能满足对目标研究区域精确地预测或估计，给调查结果带来了很大的不确定性。结合地统计学原理和空间结构分析的采样方案设计成为研究的趋势和热点。针对特定污染场地这一复杂对象，在采样布点方案设计中要综合考虑场地中污染源的位置分布、分层土壤类型、地形地貌特征、空间变异特性等因素，以提高采样工作的效率和降低由采样方案带来的污染调查结果的不确定性。

2.2.4 污染场地管理现状及其环境风险

1. 污染场地管理现状

目前国际上关于污染场地概念的定义尚不统一，如美国环境保护局（United States Environmental Protection Agency，US EPA）在《超级基金法案》上将污染场地的概念定义成“因储存、堆积、处理、处置以及其他方式承载了有害物质的任何区域和空间”；加拿大标准协会将污染场地定义为“由于有害物质赋存在土壤、水体、大气等相关环境介质当中，潜在对人体健康和自然生态环境具有负面影响的区域”；荷兰在其国家的《土壤保护法》中将污染场地界定为“已被有害物质污染或可能被污染，并对人类、植物或动物的功能属性已经或正在产生影响的场地”；西班牙对污染场地的定义是“因人为活动产生的有毒有害物质污染，使土壤的功能失去平衡的区域”；奥地利在其国家的《污染场地清洁法》中对污染场地的定义是“被垃圾场和工业污染场地污染，造成人类和环境极大危害的土壤和地下水”；比利时在其国家的《土壤修复法令》中对污染场地的定义是“因人类的活动产生的污染物质赋存于土壤环境，并对土壤环境质量造成直接或间接的负面影响，或可能产生潜在负面影响的区域”。尽管各国对污染场地的定义表述不同，但核心含义都是指在特定区域存在有毒有害污染物质。根据我国的污染场地现状及管理的实际情况，我国将污染场地定义为“因堆积、储存、处理、处置或其他方式承载有害物质的，对人体健康和环境产生危害，或具有潜在风险的区域”（李广贺等，2010）。污染场地中，尤其是大型工业污染场地是各国重要的监管对象和风险管理目标。随着经济的快速发展和部分工业企业的转型，我国工业污染场地突显的问题已日趋严重，引发的生态环境健康风险和土地再利用问题制约着我国工业和城市的可持续发展。

在发达国家，由于工业的快速发展，潜在及已经存在的污染场地数量多，污染较为严重。据统计，意大利已确定的污染场地有 1251 块，瑞典有 2000 块，瑞士有 3500 块，法国有 896 块，比利时有 8020 块，丹麦有 3673 块，而美国潜在的污染场地总量估计在 500000～1000000 块（Auna et al.，1999）。西方发达国家在污染场地的环境管理和修复治理方面，无论是在理论体系还是技术储备上，都取得了瞩目的成就。美国环境保护局固体废物与紧急反应司通过组织其下属的具有研究性质的固废办公室、技术创新办公室等技术服务部门，研究并制定了一系列涉及污染场地调查（监测）、评价、修复和管理的技术指导文件，如《超级基金代表性采样指南》《遵照超级基金法执行场地考察指南》《危险废物场地调查指南：调查计划制定与实施框架》《土壤采样草案的准备：采样技术与策略》等（Office of Solid Waste，1998），《超级基金风险评价指南》及相关的补充指南：《构建超级基金场地土壤筛选基准的补充指南》《生态风险评价指南》《构建土壤生态筛选基准指南》《构建超级基金场地土壤筛选基准的补充指南》等，以及《修复设计与修复行动手册》《超级基金修复技术选择的经验规则》等（US EPA，1992；US EPA，1989；

U.S.EPA，1988；United State，1986）。由于美国存在部分核能和军事污染场地，因此政府要求能源部和国防部的污染场地分别归属这两个部门自行来管理和治理，如橡树岭国家实验室、Savannah河国家实验室等，均能为美国能源部所属污染场地的环境管理起草大量技术导则并提供关键的技术支撑。

加拿大环境部长委员会组织相关的部门机构和科研人员制定了一系列污染场地调查与风险评估技术文件，如《加拿大污染场地管理指导文件》《加拿大构建特定污染场地土壤质量修复目标值的指导手册》《污染场地亚表层土壤评价指南》《污染场地国家分类管理系统》等。加拿大污染场地管理工作组在长期从事污染场地修复技术研究的基础上，也为加拿大开发了大量的污染场地环境管理技术，起草了《污染场地联邦管理办法》《污染场地风险评价框架》《污染场地修复技术参考手册》等重要的技术指导文件（CCME，1996）。

英国在污染场地管理，尤其是在污染场地风险评价方面做得较好，英国环境、食品和农村事务部也发布了一系列涉及污染土地调查、评估和修复技术选择等内容的《污染土地报告》。英国环境署也制定有共2卷的《场地调查技术要点》。英国环境、交通与区域部还协同环境署共同制定了《污染土地调查策略》。1990年《环境法案》获得批准时便允许相关主管部门在法定条款下执行，以便采取措施控制土壤污染，在1995年又对该法案进行修订，添加了专门的污染场地内容。在2000年立法中要求用地部门在改变污染场地土地利用类型时，必须要对污染场地进行风险评价，并实行污染场地的风险管理（UK EA，2001；Rudland，1999）。

欧洲其他国家在污染场地监管方面也都取得了一定的进展，如荷兰国立公共卫生与环境研究所长期负责荷兰土壤质量指导值（目标值和干预值）的起草和技术指导工作，出版了大量有关土壤污染物毒性、暴露、迁移、转化、归趋等方面的研究报告，从而为荷兰住房、空间规划与环境部在污染场地环境管理上的决策提供了最有效的技术支持。澳大利亚国家环境保护委员会在国家卫生与医药研究委员会及其下属研究单位的支持和协助下，从1999年开始制定了一系列与污染场地调查和风险评价相关的《国家环境保护措施（场地污染评价）》，从而为澳大利亚在全国范围内的场地调查与评价提出了统一的要求与技术标准。澳大利亚科学与工业研究组织所属的水土研究所等也为澳大利亚污染场地的环境管理提供了直接的技术支撑。新西兰环境部也在最近几年制定了一系列的《污染土地管理指南》，包括《污染场地举报》《场地调查与土壤分析》《环境指导值的分级应用》《风险筛查系统》《场地分类和信息管理》等，这些技术指导文件分别就场地举报、场地调查、场地调查中指导值的选择与应用、场地风险的初步识别、场地的分类和管理等提出了方法学上的指导与要求。日本政府在 1970 年就颁布了《农业用地土壤污染防治法》，后来对该法案进行了 4 次修订，于 2002 年颁布了《土壤污染对策法》，制定了《土壤污染对策法施行规则》。日本国立环境研究所也为日本环境省在污染场地法律法规建设和标准的制定及修订等方面提供了重要的技术支持，尤其是通过开展土壤污染物迁移转化大型模拟实验，在土壤污染形成机理和环境效应研究等方面发挥了重要的作用。

近十几年来，欧盟先后启动了多次框架计划，全面研究污染场地治理与功能恢复的技术、政策及管理体系，欧盟委员会和欧洲议会也分别在 2002 年和 2003 年发出了“土壤保护主题战略”的通知。欧盟在第四和第五框架计划下启动了多项针对污染土地和水资源保护的研究项目，其成果形成了多个具有指南性质的技术报告，如《风险评价技术指导文件》《污染土地生态风险评价：为特定场地的调查提供决策支持》《污染场地地下水风险评价指南》等。此外，在欧盟委员会的指导下，欧洲部分国家和民间组织还自发成立了数个与污染土地（场地）研究与发展相关的国际协作性组织，如欧洲污染场地风险评价协作行动组织、欧洲工业污染场地网络组织。

欧洲工业污染场地网络组织最先由 CEFIC（欧洲化学工业委员会）“SUSTECH”计划于 1995 年发起成立，1996 年受欧盟第四框架计划的环境及气候研究及发展计划资助，纳入其协作行动计划，1999 年起由会员缴纳费用来实行自费运行，至今已发展成为由 150 多个企业、咨询机构、服务公司、大学、独立研究组织或学术团体等组成的网络，其目的是促进工业企业与学术界之间在可持续发展技术方面的合作，重点关注工业污染场地的科学研究与技术开发，已出版多部关于污染土壤（地下水）环境管理与治理的技术文献。综上所述，一些发达国家在近几十年对污染场地进行管理体系建设和相关技术研究后，形成了较为成熟的管理体系，并制定了一系列的法律法规，对污染场地的管理、风险评价和修复治理起到了重要的推动作用。

我国是一个资源大国，后备土地资源十分有限，随着资源的开发、经济的快速发展及城市规模的扩大，我国各种环境问题已日益突出，引发的环境灾害也日趋频繁，环境污染问题成为我国经济发展的重要影响因素。与发达国家相比，我国各类污染场地数量多、污染程度高。在我国，冶金、动力、石油化工、燃料储存及垃圾填埋和固体废物处置等是造成场地污染的主要工业活动。我国污染场地类型主要有工业企业搬迁遗留遗弃污染场地、石油开采和应用污染场地、采矿和冶金污染场地、废物堆存和垃圾填埋污染场地、电子废弃物拆解和持久性有机物污染场地等（国家环境保护总局，北京市地质工程勘察院，2005；国家环境保护总局，2002）。与国外发达国家相比，我国在污染场地环境管理方面的工作起步较晚，理论研究相对滞后，各项技术工作也有待于进一步开发，在污染场地的环境监测、风险评价、修复质量及控制方面缺乏系统的理论体系支撑，缺少相关的标准、规定及法律法规，制约了我国对污染场地科学管理的水平和力度。为了提高我国污染场地管理的质量和效率，控制已存在和潜在的污染场地数量，必须进行适合我国国情的污染场地相关理论和技术体系研究。

2. 焦化企业污染场地典型污染物清单与毒性分析

焦化企业通常以煤炭为原料，经高温干馏生产焦炭和荒煤气。荒煤气经过气液分离，再经过初冷器和电捕焦油器脱除焦油和氨水后，进行脱硫（硫化氢和氰化氢）、洗氨、洗苯处理，可以生产苯类产品、硫铵、硫酸等。荒煤气中冷却下来的煤焦油则是重要的化工原料，可以从中提取萘、蒽、蒽醌、酚、沥青等各类煤化工产品。煤焦油是酚、芳烃、多环芳烃及含氮、氧、硫的杂环芳香烃等的混合物，为黑色黏稠状液体（或半固体），毒性较高，焦油的储存、运输和生产加工是焦化场地污染的主要途径。

通过对焦化企业污染场地的工艺分析，场地内赋存的污染物包括多环芳烃、苯系物（单环芳烃）、杂环芳烃、酚、氰化物、钒、砷等，各种污染物的一般性质和毒性如下。

（1）多环芳烃的毒性分析

多环芳烃（Polycyclic Aromatic Hydrocarbons，PAHs）是指两个以上的苯环连接在一起的化合物，是一百多种化学结构式的总称，属于广泛存在于环境中的一大类有机污染物。

绝大多数的 PAHs 在环境中不是单独存在的，它们往往是两个或更多的 PAHs 的混合物，性质比较稳定。一般来说，低分子量的多环芳烃如萘、苊、苊烯等降解相对较快，高分子量的多环芳烃如荧蒽、苯并［*a*］蒽、䓛、苯并［*a*］芘和蒽等则很难被生物降解。同时，除萘外，大多数 PAHs 不易挥发。

PAHs 对生物及人类的毒害主要是参与机体的代谢作用，许多 PAHs 具有致癌、致畸和致基因突变的“三致”作用，同时由于其毒性、生物蓄积性和半挥发性及能在环境中持久存在，因此被列入典型持久性有机污染物，为国际上优先控制的重点污染物。

PAHs 主要的 18 种化合物为萘、苊烯、苊、芴、菲、蒽、荧蒽、芘、苯并［*a*］蒽、䓛、苯并［*b*］荧蒽、苯并［*k*］荧蒽、苯并［*a*］芘、茚并［1,2,3-*cd*］芘、二苯并［*a,h*］蒽、苯并［*g,h,i*］芘、1-甲基萘、2-甲基萘，其中毒性最大的是苯并［*a*］芘、苯并［*b*］荧蒽、苯并［*k*］荧蒽、茚并［1,2,3-*cd*］芘和苯并［*g,h, i*］芘，其他毒性相对较低或微毒。PAHs 侵入人体的途径包括吸入、食入、经皮吸收。主要 PAHs 的性质和毒性见表 2-1。

表 2-1　PAHs 的性质和毒性一览表

序号	名称	分子式和分子量	一般性质	毒性	对人体健康的影响
1	萘	$C_{10}H_8$，128	白色易挥发晶体，有芳香气味，熔点 80.1℃，沸点 217.9℃，蒸汽压 0.13kPa/52.6℃	低毒类，LD_{50} 490mg/kg（大鼠经口）	具有刺激作用，高浓度致溶血性贫血及肝、肾损害
2	苊烯	$C_{12}H_8$，152	白色或略带黄色斜方针状晶体，熔点 92.3℃，沸点 265℃		
3	苊	$C_{12}H_{10}$，154	白色针状结晶，熔点 95℃，沸点 277.5℃，蒸汽压.33kPa/131.2℃	微毒类，LD_{50} 10g/kg（大鼠经口）、2.1g/kg（小鼠经口）	对眼睛、皮肤、黏膜和上呼吸道有刺激性
4	芴	$C_{13}H_{10}$，166	白色小片状晶体，熔点 118℃，沸点 295℃	微毒类，LD_{50} 2000 mg/kg（小鼠经口）	
5	菲	$C_{14}H_{10}$，178	蒽的异构体，无色有荧光的晶体，熔点 100～101℃，沸点 340℃	微毒类，LD_{50} 1.8～2g/kg（大鼠经口）、700mg/kg（小鼠经口）	可引起致敏作用，未见职业中毒的报道
6	蒽	$C_{14}H_{10}$，178	浅黄色针状结晶，有蓝色荧光，熔点 17℃，沸点 345℃	微毒类，LD_{50} 430mg/kg（小鼠静注）	对皮肤、黏膜有刺激性，易引起光感性皮炎
7	荧蒽	$C_{16}H_{10}$，202	黄绿色结晶或无色固体，熔点 109～110℃，沸点 367℃	低毒类，D_{50} 2000mg/kg（大鼠经口）、3180mg/kg（兔经皮）	具有腐蚀性，资料报道有致突变作用
8	芘	$C_{16}H_{10}$，202	无色、棱形晶体，沸点 393.5℃，熔点 150℃	低毒类，LD_{50}2750mg/kg（大鼠经口），LC_{50} 170mg/m^3（大鼠吸入）	未见急性中毒报道。长期接触可见头痛、乏力、睡眠不佳、易兴奋、食欲减退、白细胞增加、血沉增速等
9	苯并［*a*］蒽	$C_{18}H_{12}$，228	黄棕色，有荧光的片状物质，沸点 435℃，熔点 162℃	致癌物	

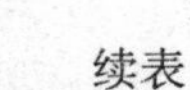

续表

序号	名称	分子式和分子量	一般性质	毒性	对人体健康的影响
10	䓛	$C_{18}H_{12}$，228	白色或带银灰色、黄绿色鳞片状或平斜方八面结晶体，熔点 255℃，沸点 440.7℃	有毒	
11	苯并［*b*］荧蒽	$C_{20}H_{12}$，252	熔点 167℃，不溶于水	相对致癌性很强	
12	苯并［*k*］荧蒽	$C_{20}H_{12}$，252	晶体，熔点 217℃，沸点 480℃	相对致癌性较弱	
13	苯并［*a*］芘	$C_{20}H_{12}$，252	无色至淡黄色针状晶体，熔点 179℃，沸点 475℃	强烈致癌物，LD_{50}500mg/kg（小鼠腹腔）、50mg/kg（大鼠皮下）	对眼、皮肤有刺激作用，是致癌物、致畸原及诱变剂
14	茚并［1,2,3-*cd*］芘	$C_{22}H_{12}$，276	黄色片状或针状结晶，有淡绿色荧光，蒸汽压 1.33×10^{-9}～1.33×10^{-4} Pa/20℃，熔点 162.5～164℃	相对致癌性较弱	
15	二苯并［*a,h*］蒽	$C_{22}H_{14}$，278		具有中等致癌性	
16	苯并［*g,h,i*］苝	$C_{22}H_{12}$，276	苯中析出叶状晶体，呈鲜艳黄绿色荧光	相对致癌性较强	
17	1-甲基萘	$C_{11}H_{10}$，142	无色油状液体，有类似萘的气味，熔点-22℃，沸点 244.6℃	低毒类，LD_{50}1840mg/kg（大鼠经口）	在空气中实际能达到的浓度未产生急性中毒效应
18	2-甲基萘	$C_{11}H_{10}$，142	白色至浅黄色单斜晶体或熔融状固体，熔点 34.6℃，沸点 241.1℃	低毒类，LD_{50}1630mg/kg（大鼠经口）	在空气中实际能达到的浓度未产生急性中毒效应

（2）苯系物的毒性分析

焦化企业场地土壤中的苯系物主要有苯、甲苯、二甲苯、乙苯、三甲苯、苯乙烯等，大都为无色有芳香气味的易燃液体，易挥发，不溶于水，性质稳定。苯系物侵入人体的途径包括吸入、食入、经皮吸收。除苯外，苯系物一般都属于低毒和微毒类，其一般性质和毒性见表 2-2。

表 2-2　苯系物的性质和毒性一览表

序号	名称	分子式和分子量	一般性质	毒性	对人体健康的影响
1	苯	C_6H_6，78	无色透明强烈芳香气味液体，熔点 5.5℃，沸点 80.1℃，蒸汽压 13.33kPa/26.1℃	中等毒性，LD_{50}3306mg/kg（大鼠经口），LC_{50}3842.14mg/m^3（大鼠吸入 7h）	有致癌可能。对中枢神经系统具有麻醉作用，容易引起急性中毒
2	甲苯	C_7H_8，92	无色透明强烈芳香气味液体，熔点-94.9℃，沸点 110.6℃，蒸汽压 4.89kPa/30℃	低毒类，LD_{50} 1000mg/kg（大鼠经口），LC_{50} 21850mg/m^3（小鼠吸入 8h）	对人体皮肤和黏膜产生刺激，对人体的中枢神经系统产生麻醉现象
3	二甲苯	C_8H_{10}，106	无色透明强烈芳香气味液体，熔点-47.9℃，沸点 139℃，蒸汽压 1.33kPa/28.3℃	低毒类，LD_{50} 5000mg/kg（大鼠经口），LC_{50} 19747mg/ m^3（大鼠吸入 4h）	对人体眼睛、呼吸道和中枢神经系统产生麻醉和抑制现象
4	1,3,5-三甲基苯	C_9H_{12}，120	无色液体，有特殊气味，熔点-44.8℃，沸点 164.7℃，蒸汽压 1.33kPa/48.2℃	微毒类，LC_{50} 24000mg/m^3（大鼠吸入 4h）	对人体皮肤和黏膜产生刺激，对人体的中枢神经系统产生麻醉现象
5	1,2,4-三甲基苯	C_9H_{12}，120	无色液体，熔点-61℃，沸点 168.9℃，蒸汽压 1.33kPa/51.6℃	微毒类，LC_{50} 18000mg/m^3（大鼠吸入 4h）	对人体眼睛、呼吸道和中枢神经系统产生麻醉和抑制现象
6	乙苯	C_8H_{10}，106	无色液体，有芳香气味，熔点-94.9℃，沸点 136.2℃，蒸汽压 1.33 kPa/25.9℃	低毒类，LD_{50} 3500mg/kg（大鼠经口）	对人体皮肤和黏膜产生刺激，对人体的中枢神经系统产生麻醉现象
7	苯乙烯	C_8H_8，104	无色透明油状液体，熔点-30.6℃，沸点 146℃，蒸汽压 133kPa/30.8℃	低毒类，LD_{50} 5000mg/kg（大鼠经口），LC_{50} 24000mg/ m^3（大鼠吸入 4h）	对眼睛和上呼吸道等器官产生刺激和麻醉现象
8	正丙苯	C_9H_{12}，120	无色液体，熔点-99.5℃，沸点 159.2℃，蒸汽压 1.33kPa/43.4℃	低毒类，LD_{50} 6040mg/kg（大鼠经口）	对眼睛、黏膜和皮肤产生刺激性

续表

序号	名称	分子式和分子量	一般性质	毒性	对人体健康的影响
9	异丙基苯	C_9H_{12}，120	无色液体，有特殊芳香气味，熔点-96.0℃，沸点152.4℃，蒸汽压2.48kPa/50℃	低毒类，LD_{50} 1400mg/kg（大鼠经口），LC_{50} 24700mg/m^3（小鼠吸入2h）	急性中毒特征与苯、甲苯等类似
10	对异丙基甲苯	$C_{10}H_{14}$，134	无色透明液体，有芳香气味，熔点-67.9℃，沸点177.1℃，蒸汽压0.2kPa/25℃	低毒类，LD_{50} 4750mg/kg（大鼠经口）	对人体皮肤、眼睛、黏膜及上呼吸道等器官产生刺激作用

（3）酚和杂环芳烃的毒性分析

酚主要是苯酚、甲酚和二甲酚，都容易挥发，其中苯酚毒性较大；杂环芳烃与 PAHs 相比毒性相对较小，苯胺、吡啶等的挥发性较强。酚和杂环芳烃都不溶于水，性质稳定，侵入人体的途径包括吸入、食入、经皮吸收，其性质和毒性见表 2-3。

表 2-3 酚和杂环芳烃的性质和毒性一览表

序号	名称	分子式和分子量	一般性质	毒性	对人体健康的影响
1	苯酚	C_6H_5OH，94	无色针状结晶或白色结晶熔块，有特殊气味，熔点 40.6 ℃，沸点181.9℃	毒性较大，LD_{50} 317mg/kg（大鼠经口），LC_{50} 316mg/m^3（大鼠吸入）	对皮肤、黏膜有强烈刺激和腐蚀作用，引起多脏器损害
2	邻甲酚	C_7H_8O，108	无色结晶，有苯酚气味，熔点 30℃，沸点191～192℃	低毒，LD_{50} 121mg/kg（大鼠经口）、890mg/kg（兔经皮）	对皮肤、黏膜有强烈刺激和腐蚀作用，引起多脏器损害
3	间甲酚	C_7H_8O，108	无色或淡黄色可燃液体，有苯酚气味，熔点11～12℃，沸点 202℃	低毒，LD_{50} 242mg/kg（大鼠经口）、2050mg/kg（兔经皮）	对皮肤、黏膜有强烈刺激和腐蚀作用，引起多脏器损害
4	对甲酚	C_7H_8O，108	无色结晶，有芳香气味，熔点 35.5℃，沸点201.8℃	低毒，LD_{50} 207mg/kg（大鼠经口）、301mg/kg（兔经皮）	对皮肤、黏膜有强烈刺激和腐蚀作用，引起多脏器损害

续表

序号	名称	分子式和分子量	一般性质	毒性	对人体健康的影响
5	二甲酚	$C_8H_{10}O$，122	白色晶体，熔点20~76℃，沸点203~225℃	有毒，LD_{50}121mg/kg（大鼠经口）、890 mg/kg（兔经皮）	对皮肤、黏膜有强烈刺激和腐蚀作用
6	茚	C_9H_8，116	无色透明油状液体，熔点 -1.8 ℃，沸点181.6℃		无可见中毒症状
7	氧茚	C_8H_6O，118	苯并呋喃，无色油状液体，具有芳香味，熔点-18℃，沸点173～175℃	有毒，LD_{50} 500mg/kg（小鼠腹腔）	侵入人体后中毒，具有刺激作用，有致癌可能
8	苯胺	C_6H_7N，93	无色或微黄色油状液体，有强烈气味，易挥发，熔点-6.2℃，沸点184.4 ℃，蒸汽压2.00kPa/77℃	中等毒性，LD_{50}442mg/kg（大鼠经口）；LC_{50}725.56mg/m^3（小鼠吸入7h）	容易造成身体内部分组织的缺氧现象
9	联苯胺	$C_{12}H_{12}N_2$，184	白色或浅粉红色结晶性粉末，熔点 128℃，沸点401.7℃	中等毒性，LD_{50} 309mg/kg（大鼠经口）、214mg/kg（小鼠经口）	有致癌性，靶器官为膀胱。对皮肤可引起接触性皮炎，对黏膜有刺激作用
10	咔唑	$C_{12}H_9N$，167	无色单斜片状结晶，有特殊气味，熔点244.8℃，沸点354.8℃	高毒类，LD_{50} 27mg/kg（大鼠经口）、20mg/kg（兔经皮）	可引起眼睛、皮肤的刺激症状。如吸入、摄入或经皮肤吸收，可致死
11	吡啶	C_5H_5N，79	无色微黄色液体，有恶臭，味辛辣，沸点115.3℃	低毒类，LD_{50} 1580mg/kg（大鼠经口）、1121mg/kg（兔经皮）	对眼及上呼吸道有刺激作用，能麻醉中枢神经系统
12	喹啉	C_9H_7N，129	无色液体，有特殊气味，熔点-14.5℃，沸点237.7℃	中等毒性，LD_{50} 460mg/kg（大鼠经口），540mg/kg（兔经皮）	对鼻、眼、皮肤、喉有刺激性，吸入后可引起头痛、头晕、恶心，口服刺激口腔和胃
13	吲哚	C_8H_7N，117	无色片状结晶，熔点51～54℃，沸点253～254 ℃、128 ～ 133 ℃（3.37kPa）、123～124℃（0.67kPa）		
14	氧芴	$C_{12}H_8O$，168	二苯并呋喃，无色或淡黄色结晶体，熔点86℃，沸点287℃		

（4）钒、砷和氰化物的毒性分析

钒在环境中以+2、+3、+4、+5 价态存在，其中以五价态为最稳定，主要为五氧化二钒和偏钒酸形式。钒侵入人体的途径包括吸入和食入，可引起呼吸系统、神经系统病变，对皮肤也有损害。金属钒的毒性很低，钒化合物（钒盐）对人和动物具有毒性，钒的化合物属中等至高毒性物质，其毒性随化合物的原子价增加和溶解度的增大而增加，如五氧化二钒为高毒，大鼠经口 LD_{50} 为 10mg/kg，可引起呼吸系统、神经系统、胃肠和皮肤的病变。

砷的化合物均有剧毒，其中三氧化二砷（砒霜）为无色无味的白色粉末，微溶于水，性质稳定，大鼠经口 LD_{50} 为 20mg/kg，小鼠经口 LD_{50} 为 45mg/kg；五氧化二砷（砷酸酐）为白色无定形固体，易潮解，溶于水，性质稳定，大鼠经口 LD_{50} 为 8mg/kg，小鼠经口 LD_{50} 为 55mg/kg。砷侵入人体的途径包括吸入、食入、经皮吸收。口服砷化合物会引起急性胃肠炎、休克、周围神经病、中毒性心肌炎、肝炎，以及抽搐、昏迷等，甚至死亡；大量吸入也可引起消化系统损害症状、肝肾损害、皮肤色素沉着、角化过度或疣状增生、多发性周围神经炎。

氰化物是含有氰基或 CN^- 的化合物，无机氰化物如氢氰酸、氰化钠、氰化钾等及有机氰化物均为剧毒物质，其中氢氰酸为无色液体或气体，性质稳定，急性毒性为 LD_{50} 810μg/kg（大鼠静脉）、3700μg/kg（小鼠经口）、LC_{50} 357mg/m^3（小鼠吸入 5min）；氰化钠为白色或灰色粉末状结晶，溶于水，稳定，有微弱的氰化氢气味，急性毒性为 LD_{50} 6.4mg/kg（大鼠经口）、4300μg/kg（大鼠腹腔）；氰化钾为白色结晶粉末，易潮解，溶于水，稳定，急性毒性为 LD_{50} 6.4mg/kg（大鼠经口）、8500μg/kg（小鼠经口）。氰化物经口、呼吸道或皮肤进入人体后，极易被吸收。在胃内水解成氢氰酸，再进入血液中，使细胞呼吸受到抑制，造成人体组织严重缺氧，直至呼吸衰竭而死亡。

第3章

案例污染场地特征与样点数据采集

3.1 焦化污染场地特征描述

1. 地形地貌

该焦化厂所在地区地势平坦开阔，属平原地形，呈西北高、东南低的态势，平均坡降为 5‰。焦化厂所在地区在地质构造单元上位于华北地台的北部，属大兴凸起的偏北部位，地表全被第四系覆盖，由河流冲洪积作用所形成的第四系松散沉积层厚度 180m 左右，岩性为黏质砂土、砂质黏土、黏土，细、中、粗砂和砂砾石等相间组成多层结构，颗粒由西向东逐渐变细。基底为寒武纪页岩、泥灰岩、竹叶状灰岩等，地表为黄土质黏质砂土，厚度 10m 左右。

2. 地质

本研究场地位于北京市区东南部，地貌上属于永定河冲洪积扇的中下部，基岩上覆的第四纪永定河冲洪积地层相对较厚。第四纪冲洪积物沉积旋回较多，第四纪覆盖层厚度在 200m 左右，地形基本平坦，地势由西北向东南缓慢降低。

3. 水文地质

目标污染场地位于北京市区东南部，地形基本平坦，地貌上属于永定河冲洪积扇的中下部，第四纪冲洪积物沉积旋回较多，存在着多个含水层。从区域范围看，本亚区台地潜水主要接受大气降水入渗、地下水侧向径流及管道渗漏补给，并以蒸发及地下水侧向径流等方式排泄，天然动态类型为渗入-蒸发、径流型；层间潜水的天然动态类型属渗入-径流型，以地下水侧向径流、越流和“天窗”渗漏补给为主，排泄方式主要为地下水侧向径流和越流，其水位年动态变化规律一般为，11 月份至来年 3 月份水位较高，其他月份相对较低，年自然变化幅度 1m 左右，由于人工开采影响较小，该层地下水水位变幅较小，区域地下水流向自西向东；承压水的天然动态类型为渗入-径流型，补给方式为地下水侧向径流和越流，并以地下水侧向径流、人工开采为主要排泄方式，受人为因素影响，多年来该层地下水水位变化较大。

4. 气候气象

目标污染场地所在区域年平均气温为11.5℃，1月份的平均气温为-4.9℃，7月份平均气温为26.1℃；年最大温差为31℃，属于干旱、半湿润温带大陆性季风气候；降水受季风强弱的控制，干湿季节明显，年内雨水分配集中，造成河流水量变化大，多年平均降雨量均在635mm左右，主要集中在7～9月，占全年降水量的75%。本地区蒸发量也比较大，平均为2000mm，约为降雨量的3.1倍。夏季以东南风为主，冬季以西北风为主，四季均存在逆温，逆温层高度一般不低于300m，且发生频率较高。

5. 地层概述

根据最终的场地勘查成果，结合场区原有水文地质和岩土工程勘查资料，按地层沉积年代、成因类型，将本场地内最大勘探深度19.30m范围的土层划分为人工堆积层和第四纪沉积层两大类，并按地层岩性及其物理力学性质指标，进一步划分为6个大层及亚层。

6. 场地污染状况

该焦化厂有40多年的生产历史，且在建厂初期受生产工艺技术条件和污染治理水平所限，环境污染相对较严重，其中不乏对人体有害和致癌物质的排放，对厂区和周围环境造成了一定影响。焦化厂的主要产品包括焦炭、焦炉煤气，同时还生产焦油、苯、硫铵、沥青、萘等40多种化工产品。该焦化厂以煤炭为原料，生产煤气和焦炭，并主要从粗焦油中提取各类煤化工产品，主要生产车间有备煤分厂、炼焦分厂、筛焦分厂、煤气净化系统（一回收分厂、煤气精制分厂、二回收分厂）、焦油分厂、制气一分厂、制气二分厂等。

7. 该焦化企业历史回顾与土地利用变化

该焦化厂作为北京市燃气集团有限责任公司下属的大型国有企业，是以生产、供应首都燃料煤气为主的大型煤综合利用企业，是北京管道煤气的主要生产基地，累计为北京输送煤气148亿m^3。该厂同时也是我国规模较大的独立炼焦化学工业企业之一，曾是国内最大的商品焦炭供应和出口基地，主要为大型冶金、化工企业提供各种规格的优质焦炭，最高焦炭年产量达到200多万吨，占全国总产量的

1.67%，并出口到欧美各国及印度、日本等国。该焦化厂成立于 1959 年，随着第一座焦炉投入生产向北京供应煤气，结束了北京没有煤气的历史，全厂曾经拥有 6 座大型焦炉，年供气量最高达到 6 亿 m^3 左右，固定资产总值约 10 亿元，年销售收入约 18 亿元，有职工约 4000 人。随着天然气的进京，用优质、清洁、高效的能源取代传统污染工艺生产的人工煤气，已成为顺应时代发展潮流和先进生产力发展要求的必然选择。随着首都北京能源结构调整步伐的加快，该焦化厂作为首都城市人工煤气的主要生产厂，其历史使命即将完成。

根据《北京城市总体规划》《北京奥运行动规划之生态环境保护专项规划》《北京奥运行动规划之能源建设和结构调整专项规划》及北京市阶段性控制大气污染措施，该焦化厂自 1998 年开始进行结构调整。1998 年 3 月首次接到城市煤气限供指令，开始逐年压缩人工煤气供应量。2001 年以后陆续关停 20 台煤气发生炉、9 台两段炉、2 台焦炉和 10 万 t 焦油装置等生产设施。2006 年 7 月 15 日，该焦化厂全面进入停产程序。目前，该厂已全部停产，焦油分厂等车间也已拆除。该厂厂区总占地面积约 150 万 m^2，厂区南北最大长度约 1500m，东西长度约 1800m，以化工路为界，分为南、北厂区，北厂区为生产主厂区，占地面积 135 万 m^2，南厂区为三产用地，占地面积约 15 万 m^2。

该焦化厂建厂前厂区用地主要为农田和荒地。自投产以来，尽管生产装置有所变化，但场地一直为工业用地。本次涉及的焦化厂北厂区面积较大，主要生产车间包括备煤分厂、炼焦一分厂、炼焦二分厂、炼焦三分厂、筛焦分厂、回收一分厂（东鼓风和西鼓风）、回收二分厂、煤气精制分厂、精苯分厂、焦油分厂、制气一分厂（两段炉）、制气二分厂（煤气发生炉），辅助设施包括热电分厂、污水处理分厂、机修分厂、运输分厂、中试基地、库房、办公楼、食堂等，该焦化厂的平面布置图如图 3-1 所示。

与该焦化厂西北方向相邻的是某染料厂，该厂建于 1956 年，1964 年搬迁至垡头地区，是华北地区最大的染料生产企业，厂区占地面积 40 万 m^2，有 8 个生产车间，拥有 1 套硫酸生产装置、7 套染料生产装置、6 套有机染料生产装置，生产的主要染料产品包括分散深蓝 S-3BG 染料、分散黄棕、分散大红、靛蓝染料、耐晒翠蓝染料，主要颜料产品包括酞菁蓝、酞菁绿、酞菁铜，另外还有硫酸。随着北京市总体规划的实施，该染料厂于 2003 年 6 月全面停产。该染料厂生产使用的主要原材料包括 NP 溶剂、苯酐、氯化亚铜、钼酸铵、三氯化铝、氯化亚铜、氯化钠、硫酸、十二烷基苯磺酸、松香、环氧乙烷、苯胺、丙烯腈等。根据生产工艺和污染排放分析，污染较重的是颜料的生产，1992 年前采用三氯苯作为生产酞菁铜的原料，排放污水中的特征污染物包括 Cu^{2+}、二氯苯，历史上也曾发生过三氯苯泄漏的污染事故，造成局部土壤污染。因此，该染料厂排放的二氯苯、三氯苯可能通过两种途径对位于其下游的焦化厂地下水造成污染：一是生产过程及污染事故时的泄漏，造成局部土壤污染，经过土壤中的迁移进入地下水，随地下水的流动进入焦化厂厂区；二是由于建厂初期污水治理设施不完善，排水水质较差，污水经厂区管线排入北部大柳树明沟，污水下渗进入地下水，随地下水流动迁移至焦化厂厂区。

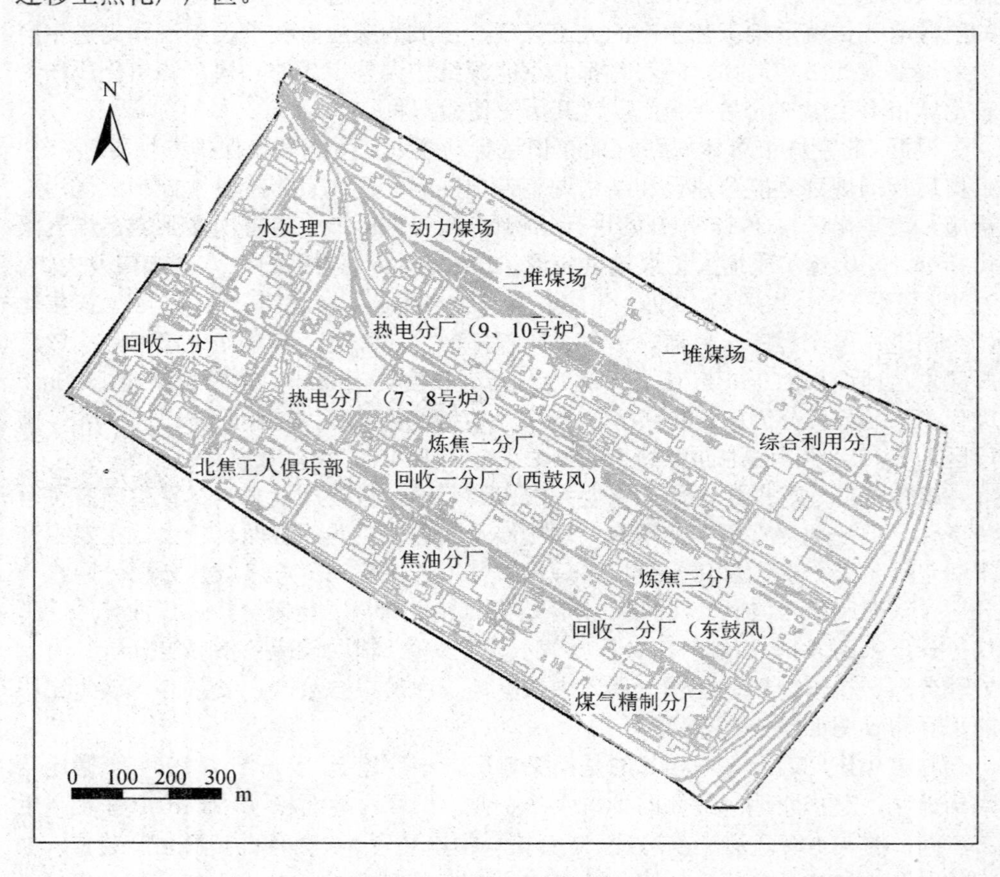

图 3-1　厂区平面布置图

3.2　土壤样点数据采集与分析

3.2.1　土壤样点数据采集

1. 采样点布设与样点采集

第一次现场采样采用判断布点的原则，在场地污染识别的基础上，选择潜在污染区域进行土壤和地下水布点采样，对污染区域、污染深度和污染物种类进行确认。第二次现场采样采用网格布点法进行布点，以全面了解焦化厂场地污染分布情况，为风险评价做准备；同时结合第一次采样分析结果，在重污染区加密布点。

根据第一次现场采样中对场地土层状况的调查结果，将焦化厂场地土壤分为 4 个土层：表层土 0～1.5m、弱含水层之上的土壤层 1.5～6.5m、弱含水层 6.5～9.5m、弱含水层之下的土壤层（黏土层之上，阻止污染物向下扩散）9.5～15m。考虑到主要污染物 PAHs 随着深度变化浓度下降很快，因此采样密度可由表层向下逐渐降低。因此，具体布点方案如下：在土壤表层，10000m^2 至少有一个采样点；弱含水层之上的土壤层和弱含水层，40000m^2 至少有一个采样点，因为弱含水层的污染可能性更高；弱含水层之下的土壤层，100000m^2 至少有一个采样点，两次共采集有效土壤样点 114 个，样点分布如图 3-2 所示。

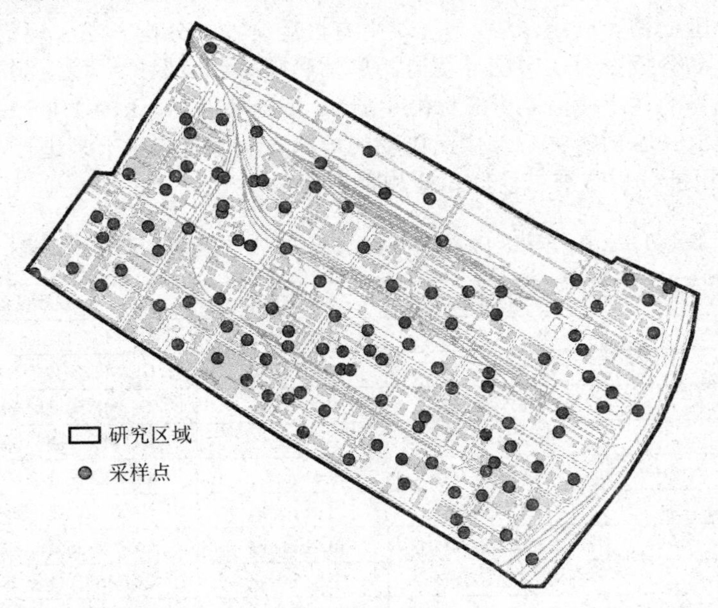

图 3-2　土壤采样点位置平面分布图

采集土壤样品，分别用于分析有机污染物和无机污染物含量。每层土样在钻出以后放在台布上，用刀进行切割分装，挑出树枝、草根和石块等物质丢弃。针对有机污染物样品，按照设计要求，将不同样品装入不同容器中，瓶装样品注意尽量充满容器（空气量控制在最低水平），并且在分装土样的过程中尽量减少土壤样品在空气中的暴露时间。由于采样季节温度较高，室外温度在 30℃左右，样品需要冷藏。提前冰冻蓝冰 24h，样品采集后立即放到装干冰的保温箱中，随时更换蓝冰，保证保温箱内样品的温度在 10℃以下。

2. 现场质量控制

在场地调查中，现场填写详细观察的记录单，如土壤层的深度、土壤质地、气味、水的颜色、气象条件等，以便用于后期的采样和修复。在采样过程中，同种采样介质，每天取1～2个采样点的某些检测项目做双样，保证同一土壤样品装入两个样品瓶，做同样的检测项目。清洗采样设备的具体操作如下：①用自来水冲洗；②用刷子刷洗；③自来水冲洗干净，没有泥土；④蒸馏水润洗2次；⑤清洗后用滤纸擦干。

3.2.2 土壤样点数据分析

1. 土壤样品分析方法

由于我国土壤污染物，特别是土壤中有机污染物的分析方法和规范尚未完善，本次土壤样品分析参考由中国环境监测总站和国家环境保护环境监测质量控制重点实验室编著的《环境监测方法标准手册》、美国环保局（EPA）US EPA 8260B、US EPA 9065、US EPA 9012A 中污染物的检测方法等有关章节来进行，土壤样品中 PAHs 采用的分析方法、仪器和检测限见表 3-1。

表 3-1 土壤样品中 PAHs 采用的分析方法、仪器和检测限一览表

检测项目	分析方法	检测限	仪器设备
萘	US EPA 8270D	0.01mg/kg	GC/MS 安捷伦 5973 & 5975
苊烯	US EPA 8270D	0.01mg/kg	GC/MS 安捷伦 5973 & 5975
苊	US EPA 8270D	0.01 mg/kg	GC/MS 安捷伦 5973 & 5975
芴	US EPA 8270D	0.01 mg/kg	GC/MS 安捷伦 5973 & 5975
菲	US EPA 8270D	0.01 mg/kg	GC/MS 安捷伦 5973 & 5975
蒽	US EPA 8270D	0.01 mg/kg	GC/MS 安捷伦 5973 & 5975
荧蒽	US EPA 8270D	0.01 mg/kg	GC/MS 安捷伦 5973 & 5975
芘	US EPA 8270D	0.01 mg/kg	GC/MS 安捷伦 5973 & 5975
苯并［*a*］蒽	US EPA 8270D	0.01 mg/kg	GC/MS 安捷伦 5973 & 5975
䓛	US EPA 8270D	0.01 mg/kg	GC/MS 安捷伦 5973 & 5975
苯并［*b*］&［*k*］荧蒽	US EPA 8270D	0.01 mg/kg	GC/MS 安捷伦 5973 & 5975
苯并［*a*］芘	US EPA 8270D	0.01 mg/kg	GC/MS 安捷伦 5973 & 5975
茚并［1,2,3-*cd*］芘	US EPA 8270D	0.01 mg/kg	GC/MS 安捷伦 5973 & 5975
二苯并［*a,h*］蒽	US EPA 8270D	0.01 mg/kg	GC/MS 安捷伦 5973 & 5975

2. 实验室质量控制

实验室质量控制包括实验室内的质量控制（内部质量控制）和实验室间的质

量控制（外部质量控制）。前者是实验室内部对分析质量进行控制的过程，后者是指由第三方或技术组织通过发放考核样品等方式对各实验室报出合格分析结果的综合能力、数据的可比性和系统误差做出评价的过程。

为了保证分析样品的准确性，除了实验室已经过 CMA 认证，仪器按照规定定期校正外，在进行样品分析时还对各环节进行质量控制，随时检查和分析测试数据是否受控（主要通过标准曲线、精密度、准确度等），特别是主要有机化合物在测定过程中要使用回收率来指示和分析整个实验流程中样品的制备、分析等对测定结果的影响。每个测定项目计算结果要进行复核，保证分析数据的可靠性和准确性。每 20 个样品设置一个质量保护样（双样，任选一个样品进行同样的编号，进行同样的测定），同时设置实验室间质量保证样、空白样。

3.3　污染场地概念模型

通过场地踏勘、调查访问，收集场地现状和历史资料及相关文献，深入分析该焦化厂的主要原辅材料、产品、生产工艺、污染物排放特征和处理处置方式，可以初步判定焦化厂现有场地污染途径主要是大气无组织排放源的废气扩散，物料储存、运输、加工过程中的遗撒、渗漏，污水处理设施及污水管线的渗漏。现分述如下。

大气排放源对场地的污染途径是通过废气扩散和沉降污染表层土壤，其扩散影响的范围主要取决于排放高度。根据排放高度可将污染源划分为高架源、中架源和低矮无组织源，高架源主要是焦炉烟囱，其扩散影响的范围包括厂区及厂外的较大范围；中架源包括各种有组织排放，其影响范围包括排放源周边一定的区域；低矮无组织源排放则主要影响排放源周边较近的区域。焦化厂通过大气扩散形式污染场地的主要是焦炉无组织排放，其排放持续时间长，且建厂初期环保设施不完善，排放强度大。炼焦过程中生成的 PAHs 等物质主要吸附在颗粒物上，随大气扩散和沉降污染焦炉周边区域，由于 PAHs 向下迁移的速度很慢，因此主要污染表层土壤，对深层土壤和地下水污染的可能性很小。焦化厂有各种物料储罐、槽，且部分为地下或半地下式，主要分布在回收一分厂、回收二分厂、焦油分厂、煤气精制分厂、精苯分厂、制气分厂等处。根据现场调查，原料和成品储罐一般采用钢质，发生罐、槽破裂，物料渗出的可能性不大。另外，物料转运过程中的遗撒也容易造成表层土壤的污染，当遗撒量达到一定程度时，就会存在污染深层土壤的可能。污水处理设施包括污水处理厂、酚水泵房、各装置区的酚水池，这些构筑物均为水泥材质，使用年限较长后容易产生裂缝，高浓度污水渗漏造成构筑物下方土壤和地下水污染。另外，污水管线的渗漏也可能造成沿线土壤污染。通过以上分析，我们可以初步得出以下结论：

通过大气扩散形式污染表层土壤的主要是炼焦分厂周边区域，污染物种类包括苯系物、PAHs、杂环芳烃等；由于储罐、槽渗漏污染深层土壤和地下水的区域主要是焦油分厂、煤气精制分厂，因此污染物种类为苯系物、PAHs、杂环芳烃等；精苯分厂的主要污染物是苯系物。

3.4 场地调查与初步污染识别结果

通过对场地踏勘、调查访问和相关资料与文献的收集，对场地的调查和初步污染识别结果如下：

1）该焦化厂以煤炭为原料，生产煤气和焦炭，并主要从粗焦油中提取苯、萘、蒽、蒽醌、酚、沥青等各类煤化工产品。根据对其生产工艺、原辅材料、产品、污染物排放特征和处理处置方式的分析，认为焦化厂的生产过程中涉及的主要污染物有苯系物、PAHs、杂环芳烃、酚、氰化物、砷、钒等，主要是来自煤气的净化、精制和焦油加工等工序。焦油在储存、运输和加工生产过程中的遗撒泄漏，以及各种工艺废气的有组织和无组织排放，可能会对焦化厂场地产生污染。

2）炼焦过程生成的 PAHs 将通过焦炉烟囱和焦炉的无组织排放影响周边环境。一般而言，焦炉烟囱属高架源，其扩散影响的范围包括厂区及厂外的较大范围，而焦炉低矮无组织排放是影响焦化厂的场地环境的重要因素。焦炉无组织排放持续时间长，且建厂初期环保设施不完善，排放强度大，炼焦过程中生成的 PAHs 等物质主要吸附在颗粒物上，随大气扩散和沉降污染焦炉周边区域，对焦炉周边地区可能造成较严重的影响。由于大气扩散和沉降是 PAHs 污染场地的重要途径之一，且因 PAHs 在土壤中迁移很慢，因此可以判断 PAHs 主要污染表层土壤，对深层土壤和地下水污染的可能性很小。

3）焦化厂共有各种物料储罐、槽 208 座，且部分为地下或半地下式，主要分布在回收一分厂、回收二分厂、焦油分厂、煤气精制分厂、精苯分厂、制气分厂等处。根据现场调查，原料和成品储罐一般采用钢质，发生储罐破裂、物料渗出的可能性不大。现场调查也发现大多数地下储槽为水泥材质，使用年限较长后容易产生裂缝，可能对周边土壤和地下水产生影响。储罐、槽可能发生渗漏污染深层土壤和地下水的区域主要是焦油分厂、煤气精制分厂和精苯分厂，污染物种类包括苯系物、PAHs、杂环芳烃等。

4）现场勘查过程中发现，目前很多罐、槽已开始用煤渣清理，罐、槽周边地面散落着煤渣和焦油渣的混合物，可能对周边的表层土壤造成污染。此外，酚水泵房附近隔油池周边地面上有油泥，各废水池（水泥构筑物）内有残余污水，可能对表层及深层土壤和地下水产生污染。

5）污水处理设施包括污水处理厂、酚水泵房、各装置区的酚水池，这些构筑物均为水泥材质，使用年限较长后容易产生裂缝，高浓度污水渗漏造成构筑物下方土壤和地下水污染。另外，污水管线的渗漏也可能造成沿线土壤污染。

6）物料转运过程中的遗撒也容易造成表层土壤的污染，当遗撒量达到一定程度时，就会存在污染深层土壤的可能。

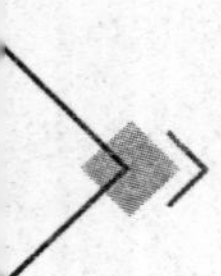

第4章 场地土壤中PAHs污染数据的统计特征分析

焦化企业污染场地属于典型的点源污染，场地中污染物的种类、来源、累积成因、分布特征及污染程度不同于一般面源污染。污染的累积释放因素主要受企业历史生产、管理、车间布局和人为干扰等因素的影响。以本研究选择的焦化场地为例，通过初步采样、调查、化验分析，PAHs为场地内主要的特征污染物，美国环境保护局规定优先控制的16种PAHs在本场地中均有检出，且部分样点检出的含量最高值严重超出相关环境标准规定的临界值，对土壤、环境和人类健康产生了较大的威胁。污染场地的环境调查、风险评估、污染物空间分布及修复治理等工作一般都基于采样点的含量数据进行，通过对已有采样点的风险计算和空间插值预测（刘庚等，2013；2012）来确定场地受污染的风险程度。土壤作为一种特殊介质，其本身在空间上是一个不连续体，具有很大的空间异质性，赋存于土壤中的污染物在空间上因此也不具备连续性分布，也有很大的空间变异性，尤其在焦化场地这种典型研究区域内，污染物的空间异质性表现更为显著。

在污染场地中污染物空间分布插值计算过程中，不同的预测模型受其算法的影响，都有各自的适用范围，对数据特征和样点含量的数据空间变异尺度都有一定的要求。通过深入分析样点含量的数据特征，选择适用的模型，可以提高计算结果的精度。因此，污染物土壤样点含量数据的特征分析影响到空间分布预测和风险评估计算模型的选择，对场地环境调查结果的精度和不确定性有一定的影响。在污染场地环境调查的实际工作过程中，经常不考虑数据统计规律和空间特征，缺乏数据的有效深入分析，从而降低了调查结果的精度。因此，科学、合理地分析场地样点数据的规律及特征，能够极大地提高场地污染调查结果的精度和减小不确定性的影响。

多元统计分析方法是经典统计学中重要的一个分支，多元统计分析可以在多个变量和多个指标互相有关联的情形下，对变量数据集的统计规律进行分析，可以用综合性的指标来代替相关性高的同类型数据，来反映不同数据集之间直接的关联性。多元统计分析方法适用于区域环境变量数据集，在农业、生物、环境等领域有着广泛的应用，在城市土壤，尤其农业土壤重金属源解析方面取得了较好的效果。但多元统计分析方法还没有应用于大型工业污染场地样点含量数据的统计分析中。应用于区域土壤环境变量的多元统计分析方法主要包括主成分分析、相关性分析、聚类分析等。随着空间信息和计算机技术的发展，趋势分析理论被引入环境领域应用中来，利用趋势分析能够从不同角度分析场地样点含量数据的全局趋势分布，有助于判别污染成因和污染物在土壤中累积的影响因素。对样点含量数据用多项式曲线进行拟合，若拟合后的结果具有一定的空间分布规律，则表明数据中存在某种趋势。通过趋势分析中的细化，可以有效确定趋势的真实方向。在这种情况下，趋势的影响作用从区域的中心到四周逐渐减弱，即最大值出现在区域的中心，最小值出现在区域的边缘的附近。若场地中污染物样点含量数据存在明显的一阶或二阶趋势，则在插值计算过程中，可以考虑剔除趋势面，提高预测精度。污染场地中污染物受污染成因的影响，在局部区域存在着异常真实高值现象，因此有必要进行局部空间变异分析。局部空间变异分析理论可以揭示土壤 PAHs 含量的局部变异、空间离散特性以及局部区域受点源污染影响的特征，帮助判别局部重污染区域及污染影响范围。

本书以某焦化场地中出现频率高、毒害大和难降解的 PAHs 为研究对象，以采样点数据为基础，采用多元统计分析、空间趋势分析和空间变异分析等方法，解释样点数据的统计规律和空间特征，帮助判别污染物在场地中的空间变异特征及污染的来源、成因，旨在为本场地以及其他类似焦化企业场地确定污染分布和选择修复技术提供指导，为减少后续污染调查中的不确定性起到重要作用。

4.1　研究方法

4.1.1　多元统计分析方法

1. 主成分分析

主成分分析（Principal Component Analysis，PCA）就是使用几个综合性的变量来代替原来的所有变量，并且能够最大程度地表达原来所有变量所表达的信息，是一种数学降维的思路。其主要原理如下。

对于一个样本资料，观测 p 个变量 x_1，x_2，…，x_p，n 个样品的数据资料矩阵为

$$\boldsymbol{X}=\begin{Bmatrix} x_{11} & x_{12} & \cdots & x_{1p} \\ x_{21} & x_{22} & \cdots & x_{2p} \\ \vdots & \vdots & & \vdots \\ x_{n1} & x_{n2} & \cdots & x_{np} \end{Bmatrix}=\left\{\boldsymbol{x}_1,\boldsymbol{x}_2,\cdots,\boldsymbol{x}_p\right\} \tag{4-1}$$

其中：

$$\boldsymbol{x}_j=\begin{Bmatrix} x_{1j} \\ x_{2j} \\ \vdots \\ x_{nj} \end{Bmatrix},\quad j=1,2,\cdots,p$$

PCA 就是将 p 个观测变量综合为 p 个新变量，即

$$\begin{cases} F_1=a_{11}x_1+a_{12}x_2+\cdots+a_{1p}x_p \\ F_2=a_{21}x_1+a_{22}x_2+\cdots+a_{2p}x_p \\ \qquad\vdots \\ F_p=a_{p1}x_1+a_{p2}x_2+\cdots+a_{pp}x_p \end{cases} \tag{4-2}$$

简写为

$$F_j=a_{j1}x_1+a_{j2}x_2+\cdots+a_{jp}x_p\,,\ j=1,2,\cdots,p \tag{4-3}$$

称 F_1 为第一个主成分，F_2 为第二个主成分，依此类推，有第 p 个主成分。

PCA 的几何解释为，假设数据集有 n 个样品，每个样品中有 2 个变量，即在二维空间内讨论 PCA 的几何意义。假设 n 个样品在二维空间内的分布类似为一个椭圆，如图 4-1 所示。

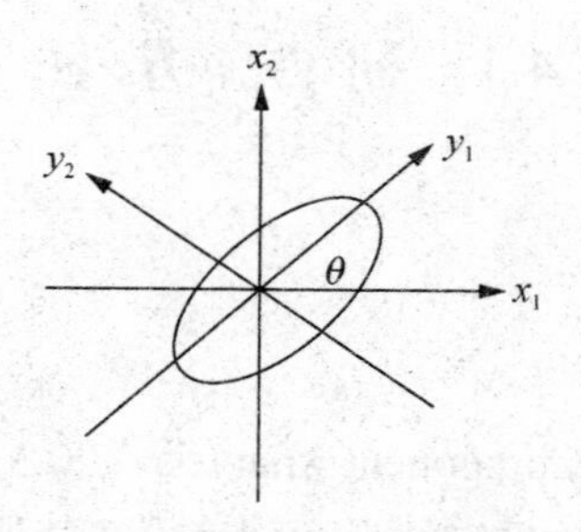

图 4-1　主成分分析几何解释图 1

将坐标系正交旋转一个角度 θ，使椭圆长轴方向取坐标为 y_1，椭圆短轴方向取坐标为 y_2，旋转公式为

$$\begin{cases} y_{1j} = x_{1j}\cos\theta + x_{2j}\sin\theta \\ y_{2j} = x_{1j}(-\sin\theta) + x_{2j}\cos\theta \qquad j = 1,2,\cdots,n \end{cases} \tag{4-4}$$

写成矩阵形式为

$$\boldsymbol{Y} = \begin{Bmatrix} y_{11} & y_{12}\cdots y_{1n} \\ y_{21} & y_{22}\cdots y_{2n} \end{Bmatrix} = \begin{Bmatrix} \cos\theta & \sin\theta \\ \cos\theta & -\sin\theta \end{Bmatrix} \begin{Bmatrix} x_{11} & x_{12}\cdots x_{1n} \\ x_{21} & x_{22}\cdots x_{2n} \end{Bmatrix} = \boldsymbol{U} \tag{4-5}$$

式中，$\boldsymbol{U}$ 为坐标旋转变换矩阵，为正交矩阵，即有 $\boldsymbol{U}'=\boldsymbol{U}^{-1}$，$\boldsymbol{UU}'=1$，满足 $\sin^2\theta+\cos^2\theta=1$。

经旋转变换，可以得到图 4-2 所示的新坐标。

新坐标具有以下性质：

1）n 个点的坐标 y_1 和 y_2 的相关性接近于零。

2）二维平面上 n 个点的方差很大部分都归结在 y_1 轴上，而在 y_2 轴上的方差较小。y_1 与 y_2 归结为原始变量 x_1 和 x_2 的综合变量。由于 n 个点在 y_1 轴上方差最大，因此将二维空间的点用在 y_1 轴上的一维综合变量来替代，损失信息量最小，由此称 y_1 轴为第一主成分；y_2 轴和 y_1 轴正交，有较小的方差，称 y_2 轴为第二主成分。

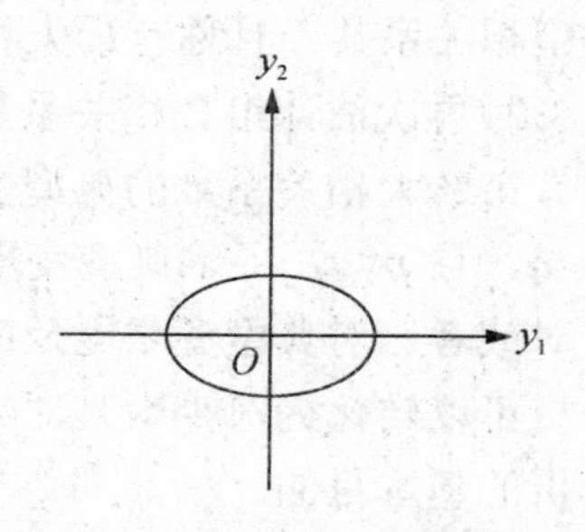

图 4-2　主成分分析几何解释图 2

2. 相关性分析

相关性分析是研究不同变量之间相关关系的一种多元统计分析方法，能够揭示两组变量之间的内在关系，是一种多元统计方法中的降维技术。相关性分析的目的是识别和量化变量之间的关系，将两组变量之间相关关系的分析转换为一组变量的线性组合和另一组变量线性组合之间的相关关系分析。通常设

$$\begin{aligned} \boldsymbol{X}^{(1)} &= (X_1^{(1)}, X_2^{(1)}, \cdots, X_p^{(1)}) \\ \boldsymbol{X}^{(2)} &= (X_1^{(2)}, X_2^{(2)}, \cdots, X_q^{(2)}) \end{aligned} \tag{4-6}$$

为两个互相关联的随机变量，在两组变量中分别选择数个具有一定代表性的综合变量 U_i、V_i，使所选择的综合变量变为原来变量的线性组合，即

$$U_i = a_1^{(i)} X_1^{(1)} + a_2^{(i)} X_2^{(1)} + \cdots + a_p^{(i)} X_p^{(1)} \triangleq a^{(i)\prime} X^{(1)} \tag{4-7}$$

$$V_i = b_1^{(i)} X_1^{(2)} + b_2^{(i)} X_2^{(2)} + \cdots + b_q^{(i)} X_q^{(2)} \triangleq b^{(i)\prime} X^{(2)} \tag{4-8}$$

则

$$
\begin{aligned}
&D(U)=D(a'X^{(1)})=a'\mathrm{Cov}(X^{(1)},X^{(1)})a=a'\sum\nolimits_{11}a\\
&D(V)=D(b'X^{(2)})=b'\mathrm{Cov}(X^{(2)},X^{(2)})b=b'\sum\nolimits_{22}b\\
&\mathrm{Cov}(U,V)=a'\mathrm{Cov}(X^{(1)},X^{(2)})b=a'\sum\nolimits_{12}b\\
&\mathrm{Corr}(U,V)=\frac{\mathrm{Cov}(U,V)}{\sqrt{D(U)}\sqrt{D(V)}}=\frac{a'\sum_{12}b}{\sqrt{a'\sum_{11}a}\sqrt{b'\sum_{22}b}}
\end{aligned}
\tag{4-9}
$$

1）估计的组合系数使对应的典型变量和相关系数最大。最大相关系数为第一典型相关系数，且称有最大相关系数的典型变量为典型相关变量。

2）再次估计组合相关系数，识别出第二大典型相关系数为第二典型相关系数，称有第二大相关系数的典型变量为第二典型相关变量。设两组的变量个数分别为 p、q，且 $p<q$，寻求典型变量的过程可循环重复，直到得到 p 对典型变量。当有几对或者一对典型变量能反映原始数据的主要信息时，两个变量间相关性程度的分析可以转化为对少数几对或者一对典型变量的相关性分析，这就是典型相关性分析的基本目的。

3. 聚类分析

聚类分析（Cluster Analysis，CA）的主要原理是根据变量的数值特征，来分析不同样品之间的近似关系。变量之间的近似关系由变量之间的距离远近来描述，当定义变量之间的距离后，把距离上近的变量归为同一类。设 x_{ik} 为第 i 个变量的第 k 个指标，每个变量测量了 p 个值，则变量 x_i 和 x_j 之间的距离（D_{ij}）为

$$
D_{ij}(q)=\left(\sum_{k=1}^{p}\left|x_{ik}-x_{jk}\right|^{q}\right)^{1/q} \tag{4-10}
$$

式（4-10）称为明考夫斯基（Minkowshi）距离，其中 q 为大于 0 的正数。

当 q=1 时，$D_{ij}(1)=\left(\sum_{k=1}^{p}\left|x_{ik}-x_{jk}\right|\right)$，称为绝对值距离或曼哈顿（Manhattan）距离；

当 q=2 时，$D_{ij}(2)=\left(\sum_{k=1}^{p}\left|x_{ik}-x_{jk}\right|^{2}\right)^{1/2}$，称为欧式距离（Euclidean Distance）；

当 $q=\infty$ 时，$D_{ij}(\infty)=\max\limits_{1\leqslant k\leqslant p}(x_{ik}-x_{jk})$，称为切比雪夫（Chebychev Distance）。

聚类分析也可以定义变量之间的距离，常用的两种定义方法是夹角余弦法和相关系数法。变量 x_i 和 x_j 的夹角余弦 C_{ij} 为

$$C_{ij}=\frac{\sum_{k=1}^{n}x_{ki}x_{kj}}{\left(\sum_{k=1}^{n}x_{ki}^{2}\right)\left(\sum_{k=1}^{n}x_{kj}^{2}\right)} \tag{4-11}$$

变量 x_i 和 x_j 的夹角余弦 r_{ij} 为

$$r_{ij}=\frac{\sum_{k=1}^{n}(x_{ki}-\overline{x}_i)(x_{kj}-\overline{x}_j)}{\left[\sum_{k=1}^{n}(x_{ki}-\overline{x}_i)^2\right]\left[\sum_{k=1}^{n}(x_{kj}-\overline{x}_j)^2\right]} \tag{4-12}$$

C_{ij} 或 r_{ij} 称为变量间的相似系数。聚类分析既可以对样品聚类，也可以对变量聚类。样品聚类称为 Q 型聚类，变量聚类称为 R 型聚类。根据样本量的大小，可以使用层次聚类（Hierarchical Cluster）或 K 中心聚类（K-Means Cluster）方法，后者属于一种快速聚类方法。当样本量较大，数值变量和分类变量并存时，也可以使用二阶段聚类法（Two-step Cluster）。

4.1.2　全局趋势分析方法

空间变量的表面一般认为由两个部分组成，即确定的全局趋势与随机的短程变异。空间全局趋势反映了空间变量在空间区域变化及存在的特征，揭示了变量的总体分布趋势和规律。趋势面分析是根据空间采样数据拟合成一个数学曲面，用拟合后的数学曲面来揭示空间分布的规律和变化情况，包括趋势面拟合值和残差值两个部分，反映了空间变量数据集的总体规律和变化趋势，全局性和大范围因素对其影响较大。准确识别并定量化变量的全局趋势，在空间分布预测模型建立过程中可以有效地剔除全局趋势，从而更准确地模拟短程随机变异性。

全局趋势分析方法可以提供数据的三维透视图。趋势分析工具的唯一要素值将会作为散点图投影到 x、z 平面和 y、z 平面上，可以将其视为通过三维数据形成的横向视图。多项式即会根据投影平面上的散点图进行拟合，附加要素可以旋转数据来隔离方向趋势，还有其他的一些要素可以用于旋转和改变整个图像的视角、更改点和线的大小和颜色、移除平面和点，以及选择拟合散点图的多项式的阶数。

4.1.3　局部变异分析方法

局部变异性可以利用局部变异系数、局部空间自相关来描述。本研究利用

Voronoi 方法来研究场地内污染物的局部变异性。Voronoi 图也称为泰森多边形，根据点输入要素来创建泰森多边形。每个泰森多边形只包含一个点输入要素，泰森多边形中的任何位置距其关联点的距离都比到任何其他点输入要素的距离近，如图 4-3 所示。

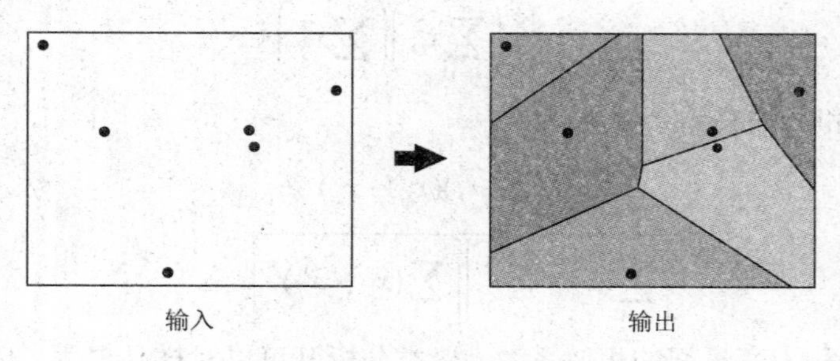

图 4-3　泰森多边形构建示意图

创建泰森多边形的理论背景如下：

1）S 是坐标或欧式空间（x，y）中点的集合，对该空间上的任意点 p，S 中有一个与 p 相距最近的点，除非点 p 与 S 当中的两个点或多个点的距离相等。

2）由到 S 中的单个点的距离最近的所有点 p，定义单个邻近多边形，即所有点 p 到 S 中的给定点的距离比到 S 中任何其他点的距离都近的全部区域。

按照以下步骤构造泰森多边形：①在所有点中划分出符合 Delaunay 准则的不规则三角网（TIN）；②三角形各边的垂直平分线即可形成泰森多边形的边，各平分线的交点决定泰森多边形折点的位置。

4.2　统计特征分析

4.2.1　描述性统计特征

场地土壤中 16 种 PAHs 的基本统计特征见表 4-1，从每种污染物的含量范围来看，最小值和最大值的差异很大，如 Nap，最小值为 0.01mg/kg，而最大值为 4100.00mg/kg，约 93%的采样点含量范围在 0.01～16.6mg/kg，其他几个高值点的含量分别为 37.5mg/kg、94.3mg/kg、204mg/kg、1360mg/kg、1510mg/kg、2610mg/kg 和 4100mg/kg。将采样点数据叠加到原厂区平面图上可以看出，污染物高值点主要位于焦油分厂和回收一分厂等车间。焦油分厂残存一定数量焦油、杂酚油等，设施中的 PAHs 通过储罐渗漏、遗撒造成表层局部土壤的严重污染；回收一分厂除了大气污染源外，车间内的各种罐和槽的渗漏、遗撒也造成局部的严重污染。

这些异常真实高值点导致每种污染物都有很大的偏度和峰度，16 种 PAHs 的偏度分别为 6.07、9.48、7.88、5.78、7.26、7.09、5.57、4.94、4.49、4.96、5.51、4.44、5.59、5.25、5.88，Bap 的偏度最小，为 4.44，Acy 的偏度最大，为 9.48。16 种 PAHs 的变异系数分别为 5.01、6.53、6.86、4.92、5.27、4.93、3.99、3.85、3.65、3.83、3.92、3.57、3.83、3.78、4.05。从变异系数来看，每种污染物的变异系数都超过了 300%，Bap 的变异系数最小，为 3.57；而 Ace 的变异系数最大，为 6.86。这说明污染物在场地中都有很大的空间变异性，样点含量在场地中的分布很不均匀，污染累积情况受场地历史生产背景影响较大，导致数据具有很高的偏倚性。将 114 个采样点含量数据采用 K-S 进行正态分布检验，结果显示所有污染物均不符合正态分布特征，不能通过 K-S 正态分布检验。16 种 PAHs 样点含量数据的频率分布直方图如图 4-4 所示。从直方分布图可以看出，均存在右偏尾现象，主要原因为样点含量值主要集中在 0.01～20mg/kg，而有少数几个高峰值样点，其最大值为数据集最小值、均值或中值的数百倍甚至上千倍，从而导致样点含量数据集的频率分布直方图均存在右偏尾现象。

表 4-1　场地土壤中 PAHs 污染数据的基本统计特征

污染物	最小值/（mg/kg）	最大值/（mg/kg）	平均值/（mg/kg）	中值/（mg/kg）	四分位/（mg/kg）	偏度	峰度	变异系数	标准差/（mg/kg）
Nap	0.01	4100.00	100.91	0.04	0.015	6.07	40.48	5.01	505.93
Acy	0.01	501.00	7.48	0.056	0.020	9.48	94.71	6.53	48.84
Ace	0.01	1470.00	23.61	0.044	0.010	7.88	64.47	6.86	162.08
Fle	0.01	366.00	10.50	0.045	0.012	5.78	34.36	4.92	51.62
Phe	0.01	766.00	16.96	0.205	0.047	7.26	54.94	5.27	89.34
Ant	0.01	222.00	5.46	0.070	0.021	7.09	51.89	4.93	26.90
Fla	0.01	470.00	14.89	0.395	0.067	5.57	35.13	3.99	59.37
Pyr	0.01	297.00	10.95	0.345	0.062	4.94	26.24	3.85	42.12
Baa	0.01	131.00	5.71	0.235	0.037	4.49	20.89	3.65	20.83
Chr	0.01	175.00	6.69	0.245	0.044	4.96	26.31	3.83	25.63
Bbf&Bkf	0.01	393.00	12.51	0.440	0.068	5.51	35.17	3.92	49.04
Bap	0.01	172.00	7.30	0.300	0.045	4.44	20.84	3.57	26.08
Inp	0.01	144.00	4.65	0.255	0.050	5.59	36.22	3.83	17.82
Daa	0.01	45.70	1.57	0.085	0.019	5.25	31.30	3.78	5.93
Bgp	0.01	160.00	4.80	0.200	0.036	5.88	39.72	4.05	19.42

注：本书在对 16 种优控多环芳烃数据统计分析时，作者将苯并[*b*]荧蒽和苯并[*k*]荧蒽合到一起为苯并[*b*&*k*]荧蒽，固图表中体现为 15 组数据。

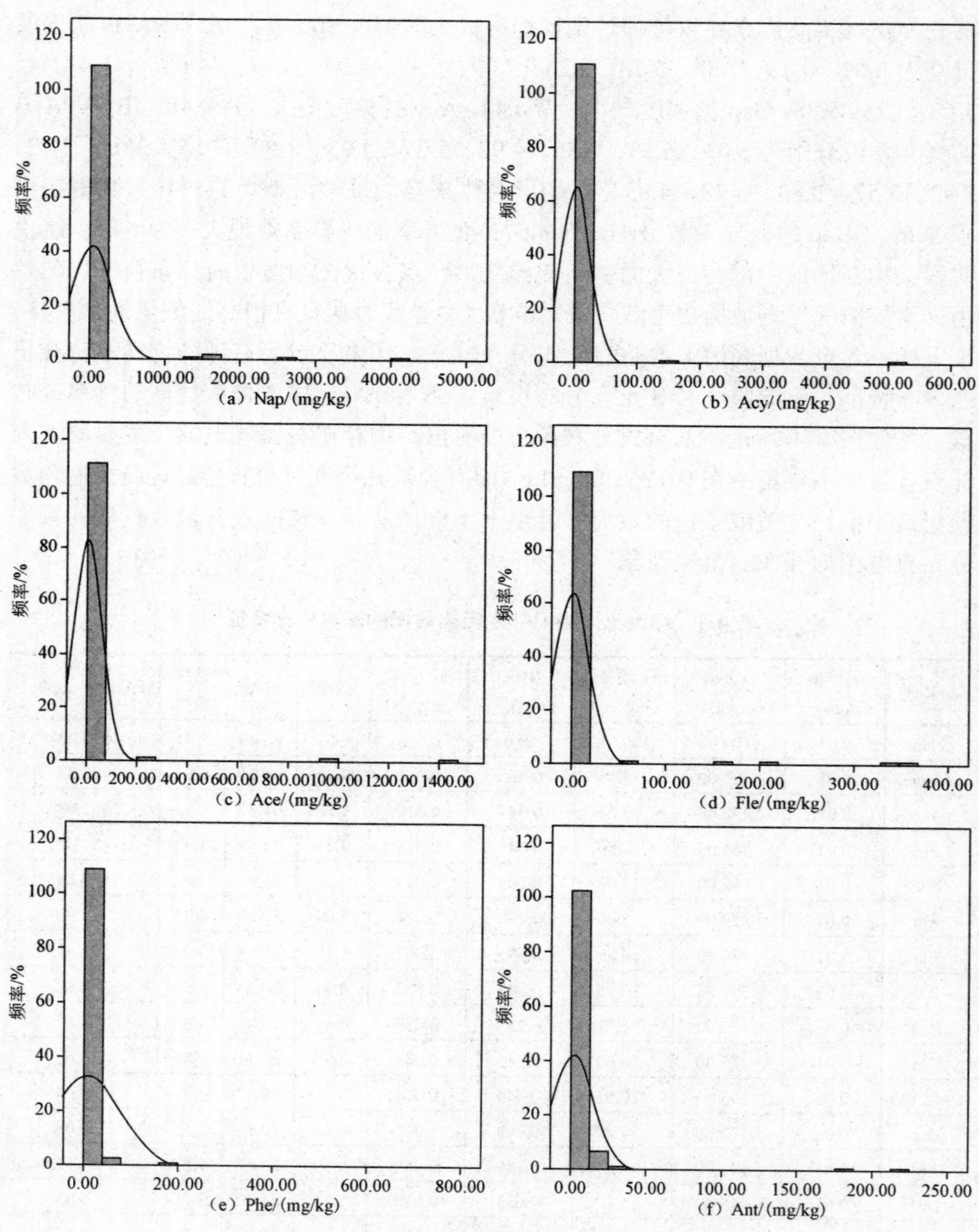

图 4-4　PAHs 样点含量数据频率分布直方图

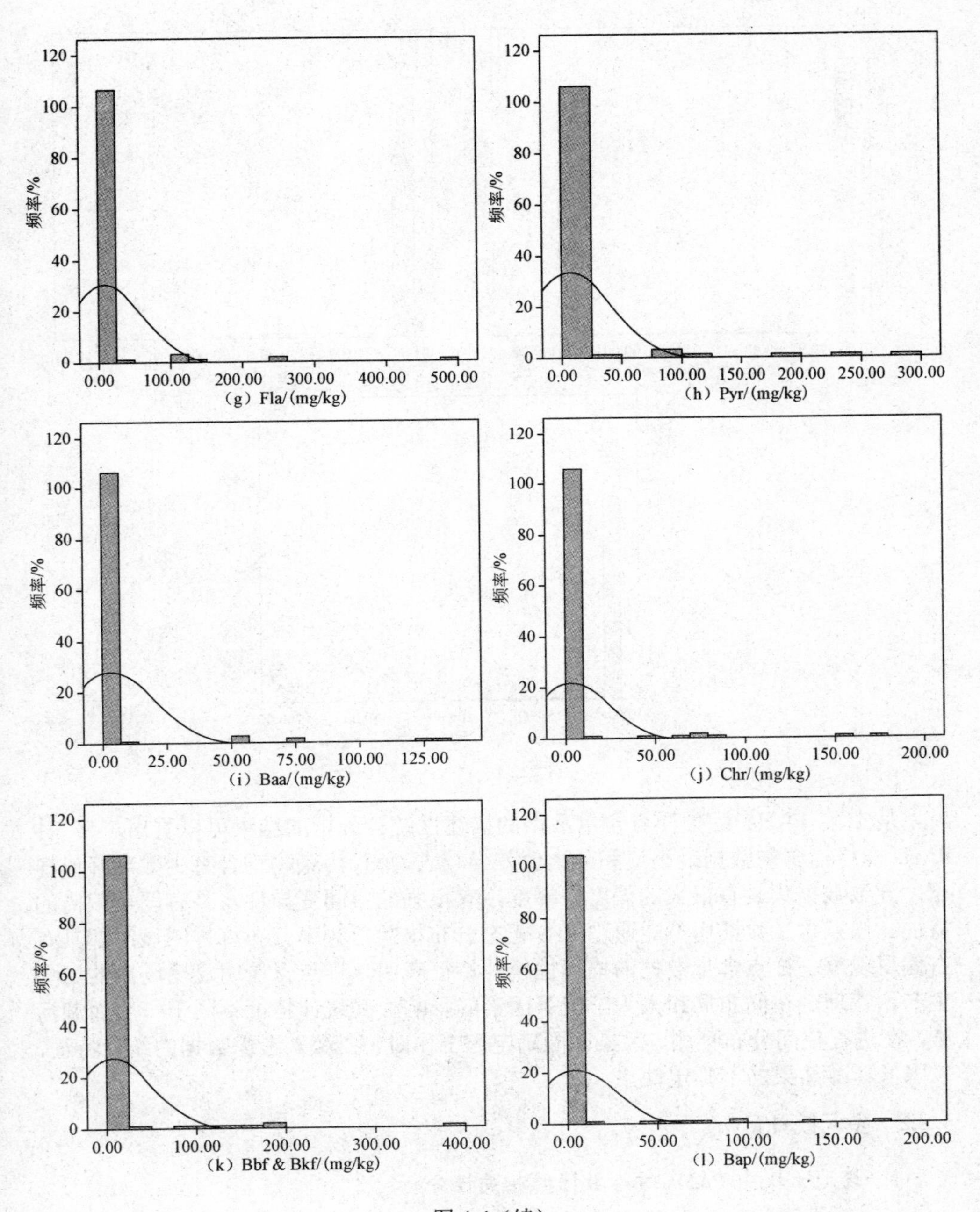
频率/%
（g）Fla/(mg/kg)
（h）Pyr/(mg/kg)
（i）Baa/(mg/kg)
（j）Chr/(mg/kg)
（k）Bbf & Bkf/(mg/kg)
（l）Bap/(mg/kg)

图 4-4（续）

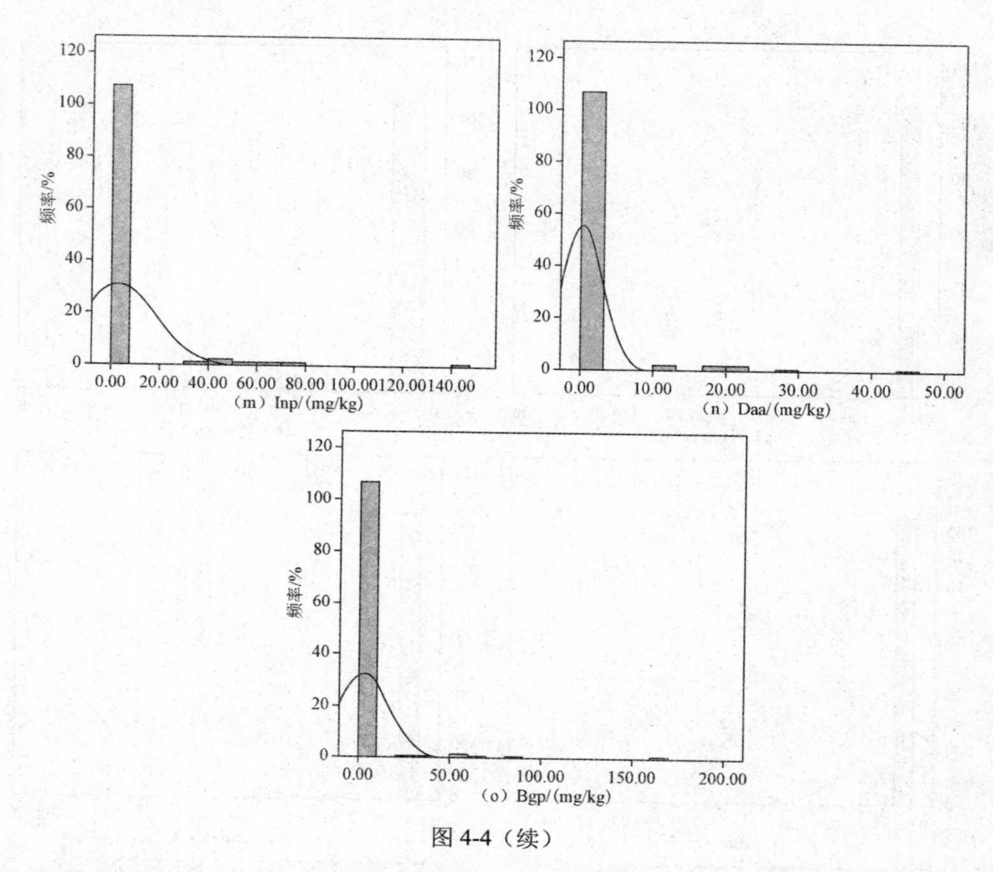

图 4-4（续）

从土壤 PAHs 污染样点含量数据的描述性统计分析的结果可以看出，16 种 PAHs 的样点含量数据最小值和最大值差异较大，每种污染物均含有少数高峰值样点，导致数据集具有很大的偏度、峰度，有很强的空间变异性，具有严重偏倚的特征。样点含量数据均不能通过 K-S 正态分布检验，频率分布直方图显示都具有右偏尾现象。样点含量数据的描述性统计特征表明，样点含量明显受场地的历史生产、管理、车间布局和人为干扰等因素的影响，其统计特征不同于一般面源污染，在进行空间分布预测、污染范围确定等工作时，要深入考虑数据的统计特征，以降低计算结果的不确定性。

4.2.2 多元统计分析

1. 场地土壤中 PAHs 污染数据的相关性分析

由上述 PAHs 含量基本统计特征分析可知，每种污染物均不符合正态分布，因此在进行相关分析前应对污染物含量数据进行对数变换，使其符合近似正态分布。目前有多种常用的数据正态变换方法，如对数变换、倒数变换、平均值变换、Box-Cox 变换和 Johnson 变换等，但每种变换方法都有各自的适用范围。由于本场地土壤 PAHs 样点含量数据具有严重偏倚性，因此本研究采用 Johnson 数据正态变换方法对原始数据进行正态变换，然后采用 Pearson 相关分析方法进行分析。场地土壤中 PAHs 含量的相关性分析结果见表 4-2。从相关性分析结果看出，不同 PAHs 之间均呈正相关，表明所有污染物的变化趋势均相同，从相关系数值的大小来看，大多数 PAHs 之间存在高度相关（$z>0.8$），如 Daa-Chr、Daa-Pyr、Chr-Pyr、Daa-Acy 相关系数分别为 0.945、0.917、0.975 和 0.897，且通过了 0.01 水平的检验，其他污染物之间也存在中等程度相关（$0.5<z<0.8$），这与场地的生产工艺和污染来源情况较为一致。本场地主要包括炼焦、煤气净化、焦油化工产品回收及煤气发生炉制气等生产工艺。在这些生产工艺中，大气排放为主要污染源，炼焦过程生成的 PAHs 将通过焦炉烟囱的有组织排放和焦炉的组织排放影响周边环境。焦炉烟囱扩散影响的范围包括厂区及厂外的较大范围，而焦炉低矮无组织排放是影响焦化厂场地环境的重要因素。焦炉无组织排放持续时间长，且建厂初期环保设施不完善，排放强度大，炼焦过程中生成的 PAHs 等物质主要吸附在颗粒物上，随大气扩散和沉降污染焦炉周边区域，对焦炉周边地区可能造成较严重的影响。由于大气扩散和沉降是 PAHs 污染场地的重要途径之一，PAHs 通过大气扩散对场地表层土壤造成污染，使得 PAHs 之间具有较强的相关性。相关性分析可以用于检测数据之间的近似性，污染物之间相关性较大表明在场地中的污染成因较为相似，污染物之间的联系可以通过进一步的主成分分析进行判别。

2. 场地土壤中 PAHs 污染数据的主成分分析

对正态变换后的PAHs含量数据进行主成分分析，各主成分解释方差见表4-3，成分矩阵见表 4-4，各主成分特征值的碎石图如图 4-5 所示，各旋转空间成分如图 4-6 所示。前 2 个主成分的初始特征值均大于 1，分别为 12.67 与 1.16，通过旋转后 PC1 的方差贡献率为 59.71%，PC2 的方差贡献率为 32.47%，前 2 个主成分的累计贡献率达 92.18%，故前 2 个主成分可以代替原有 15 个指标，能很好地表达原有信息。通过旋转主成分矩阵可以看出，在 PC1 上，Fla、Pyr、Baa、Chr、Bbf&Bkf、Bap、Inp、Daa、Bgp 有较大的载荷，得分分别为 0.87、0.87、0.90、0.88、0.91、0.88、0.88、0.85、0.91；在 PC2 上，Nap、Ace、Fle 有较大的载荷，得分分别为 0.83、0.90、0.86。从前 2 个主成分的结果可以看出，场地受污染的 PAHs 种类较多，不同车间及其生产工艺都会造成 PAHs 不同种类和程度的污染。从污染物含量范围可以看出，Nap 含量的最大值最大，其次为 Ace、Phe 及 Acy，均为 2 环和 3 环的单体。第一个主成分中高环（4 环、5 环、6 环）的 PAHs 单体贡献度较大，第二个主成分中以低环（2 环、3 环）的 PAHs 单体为主，表明场地中 PAHs 污染的种类和程度与不同车间的生产工艺有密切的关系。

表 4-2 场地土壤中 PAHs 含量的相关性分析结果

PAHs	Nap	Acy	Ace	Fle	Phe	Ant	Fla	Pyr	Baa	Chr	Bbf&Bkf	Bap	Inp	Daa	Bgp
Nap	1														
Acy	0.848**	1													
Ace	0.776**	0.745**	1												
Fle	0.835**	0.831**	0.893**	1											
Phe	0.838**	0.898**	0.712**	0.821**	1										
Ant	0.825**	0.943**	0.739**	0.828**	0.938**	1									
Fla	0.709**	0.859**	0.612**	0.702**	0.913**	0.888**	1								
Pyr	0.727**	0.890**	0.641**	0.717**	0.931**	0.935**	0.935**	1							
Baa	0.683**	0.850**	0.591**	0.672**	0.885**	0.887**	0.974**	0.940**	1						
Chr	0.715**	0.896**	0.633**	0.709**	0.914**	0.927**	0.926**	0.975**	0.935**	1					
Bbf&Bkf	0.657**	0.854**	0.558**	0.642**	0.882**	0.881**	0.909**	0.960**	0.917**	0.964**	1				
Bap	0.667**	0.830**	0.594**	0.661**	0.850**	0.855**	0.928**	0.892**	0.943**	0.890**	0.901**	1			
Inp	0.676**	0.852**	0.596**	0.672**	0.848**	0.857**	0.930**	0.895**	0.948**	0.901**	0.892**	0.977**	1		
Daa	0.669**	0.897**	0.612**	0.709**	0.850**	0.908**	0.862**	0.917**	0.887**	0.945**	0.923**	0.876**	0.896**	1	
Bgp	0.638**	0.850**	0.556**	0.653**	0.862**	0.858**	0.886**	0.936**	0.910**	0.938**	0.955**	0.899**	0.913**	0.925**	1

** 在 0.01 水平（双侧）上显著相关。

表 4-3　场地土壤 PAHs 各主成分解释方差

成分	初始特征值			提取后特征值			旋转后特征值		
	合计	方差/%	累积/%	合计	方差/%	累积/%	合计	方差/%	累积/%
1	12.67	84.48	84.48	12.67	84.48	84.48	8.96	59.71	59.71
2	1.16	7.70	92.18	1.16	7.70	92.18	4.87	32.47	92.18
3	0.28	1.85	94.03						
4	0.26	1.70	95.74						
5	0.17	1.12	96.86						
6	0.11	0.76	97.62						
7	0.10	0.67	98.29						
8	0.06	0.41	98.69						
9	0.05	0.33	99.03						
10	0.04	0.27	99.30						
11	0.04	0.24	99.54						
12	0.02	0.16	99.70						
13	0.02	0.11	99.82						
14	0.02	0.11	99.93						
15	0.01	0.07	100.00						

表 4-4　场地土壤中 PAHs 主成分矩阵

污染物	主成分矩阵		旋转主成分矩阵	
	PC1	PC2	PC1	PC2
Nap	0.81	0.45	0.41	0.83
Acy	0.95	0.15	0.70	0.66
Ace	0.73	0.59	0.27	0.90
Fle	0.82	0.51	0.38	0.86
Phe	0.96	0.09	0.73	0.62
Ant	0.96	0.10	0.74	0.63
Fla	0.95	−0.15	0.87	0.42
Pyr	0.97	−0.12	0.87	0.45
Baa	0.95	−0.20	0.90	0.37
Chr	0.97	−0.14	0.88	0.44
Bbf&Bkf	0.94	−0.24	0.91	0.34
Bap	0.93	−0.20	0.88	0.36
Inp	0.94	−0.20	0.88	0.37
Daa	0.94	−0.14	0.85	0.42
Bgp	0.93	−0.24	0.91	0.33

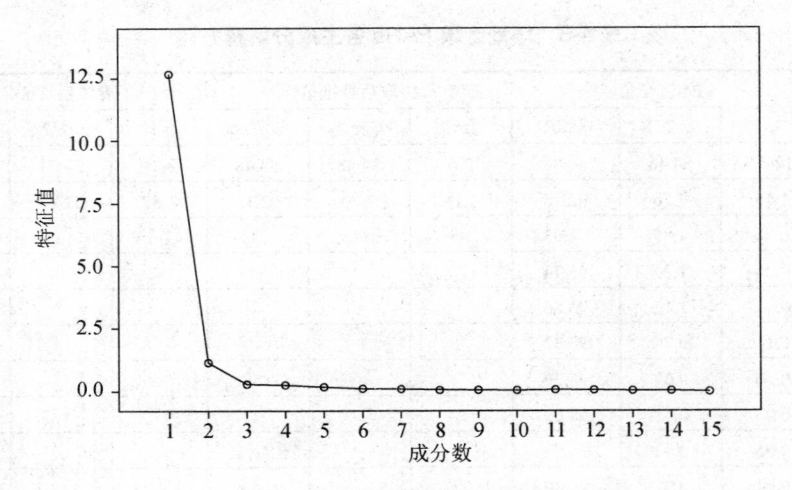

图 4-5　各主成分特征值的碎石图

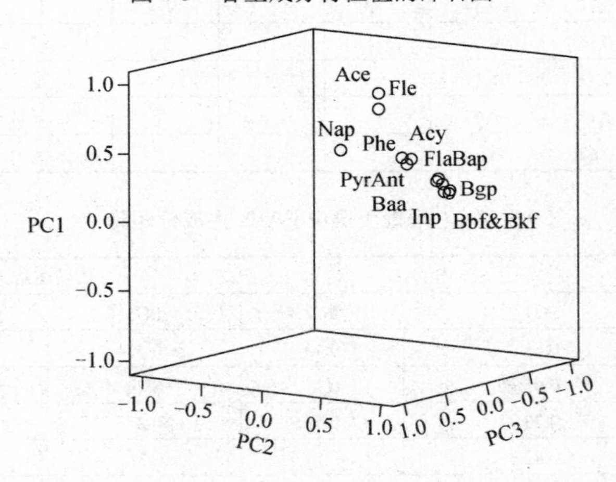

图 4-6　PAHs 旋转空间成分

图 4-5 和图 4-6 也进一步印证了选取的主成分。从图 4-5 可以看出，前 2 个主成分的特征值均大于 1，因此选择的前 2 个主成分具有代表性和实际意义。从图 4-6 可以看出，16 种 PAHs 在第 1 主成分和第 2 主成分上均有较大的得分。从主成分分析结果可以看出，选择的前 2 个主成分可有效代表原有污染物的信息。从第 1 主成分和第 2 主成分各自有较大载荷的污染物来看，场地土壤中受污染的 PAHs 种类较多。

3. 场地土壤中 PAHs 污染数据的聚类分析

对 PAHs 含量数据进行聚类分析，聚类结果如图 4-7 所示，Chr 与 Pyr 聚类后又与 Daa、Acy 的聚类结果进行聚类，这也进一步印证了主成分分析的结果。

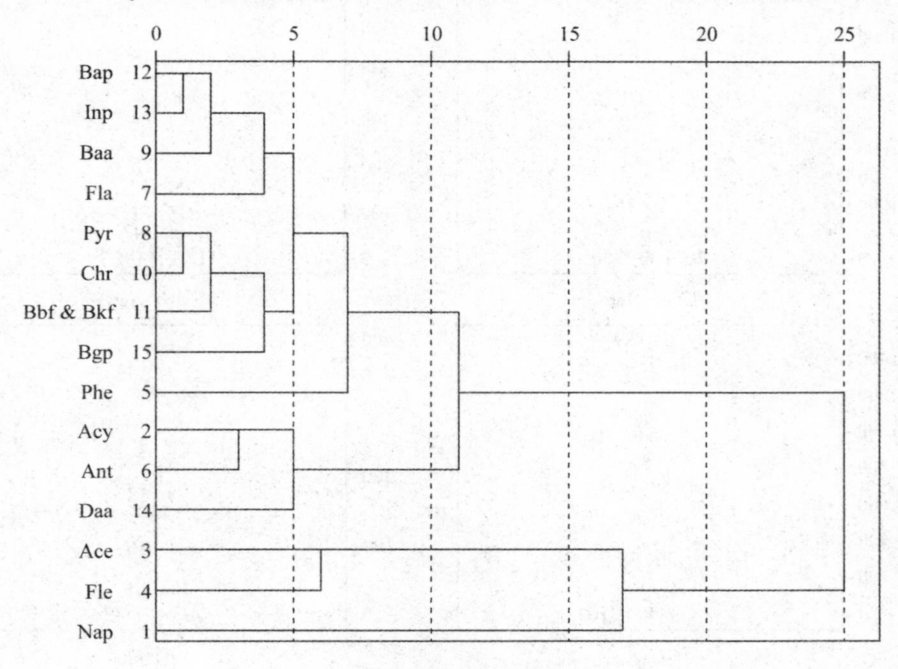

图 4-7　土壤 PAHs 系统聚类图

4.2.3　样点含量数据异常值识别

对场地土壤 PAHs 样点含量数据的描述性统计分析可知，污染物的样点含量数据中含有异常真实高值点，因此有必要对样点含量数据中的异常值进行识别。数据异常值包括全局异常值和局部异常值，全局异常值是针对整个研究区域的全局数据，具有极高或极低的样点值；局部异常值是针对局部区域的样点数据，某个样点数据值与其周围样点数据值相比偏大或者偏小。异常值有的是客观存在的真实值，也有些是因为数据化验分析、记录存储过程等产生的错误值。对于异常值是由客观原因产生错误值的情况，一般对其删除或者重新补测；对于异常值是真实值的情况，常用中值来代替处理分析。对于污染场地中污染土壤的样点含量数据，由于场地局部地区存在重污染情况，含量数据的异常值为真实值，并且这些极高的异常值是场地风险评估和修复治理的重点，因此不能对其删除或者用中值代替。本研究采用平均值加 4 倍标准差法来进行异常值的界定，在 SPSS 软件中箱线图模块完成，识别出的异常值箱线图如图 4-8 所示。异常值的分析结果表明，16 种 PAHs 均含有异常值，如 Nap，27、89、14、13 号样点含量值均为极大值。

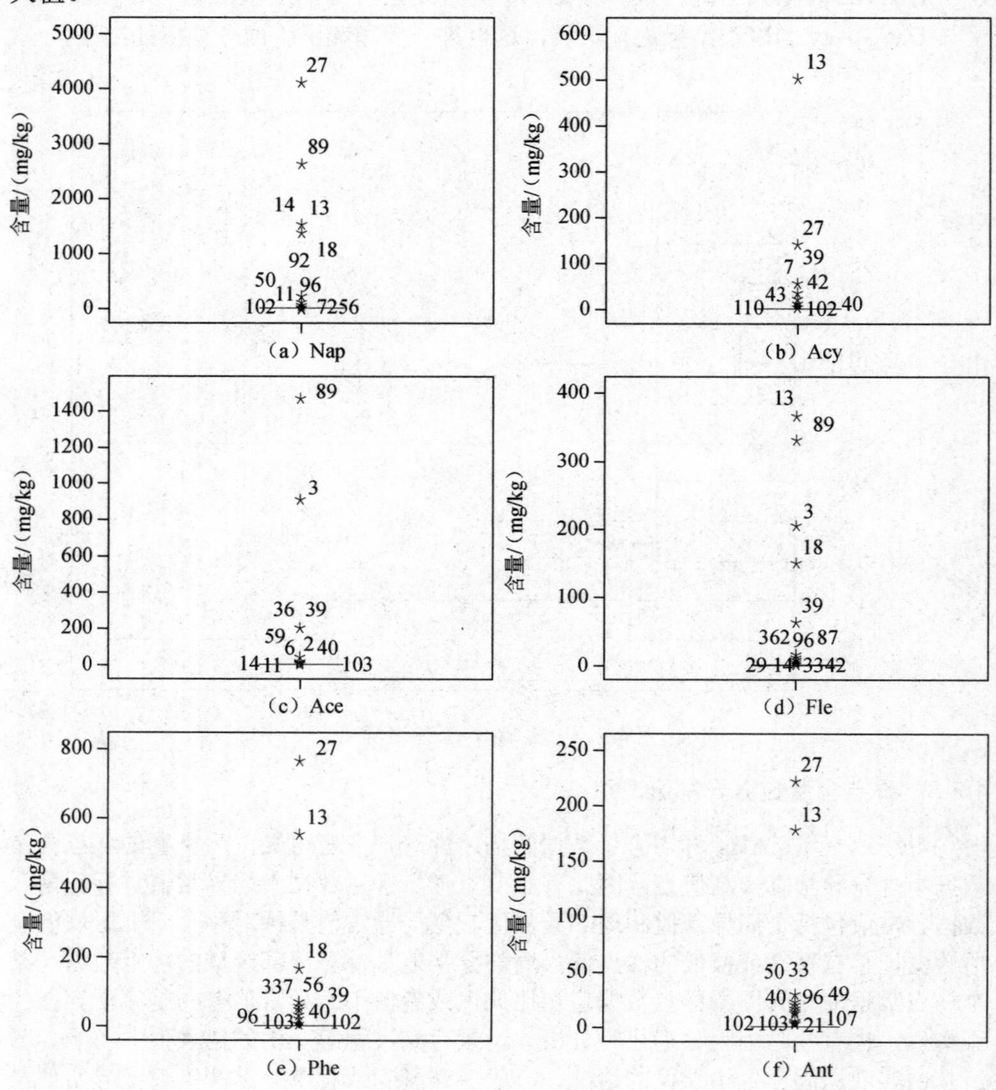

图 4-8　土壤 PAHs 含量箱线图

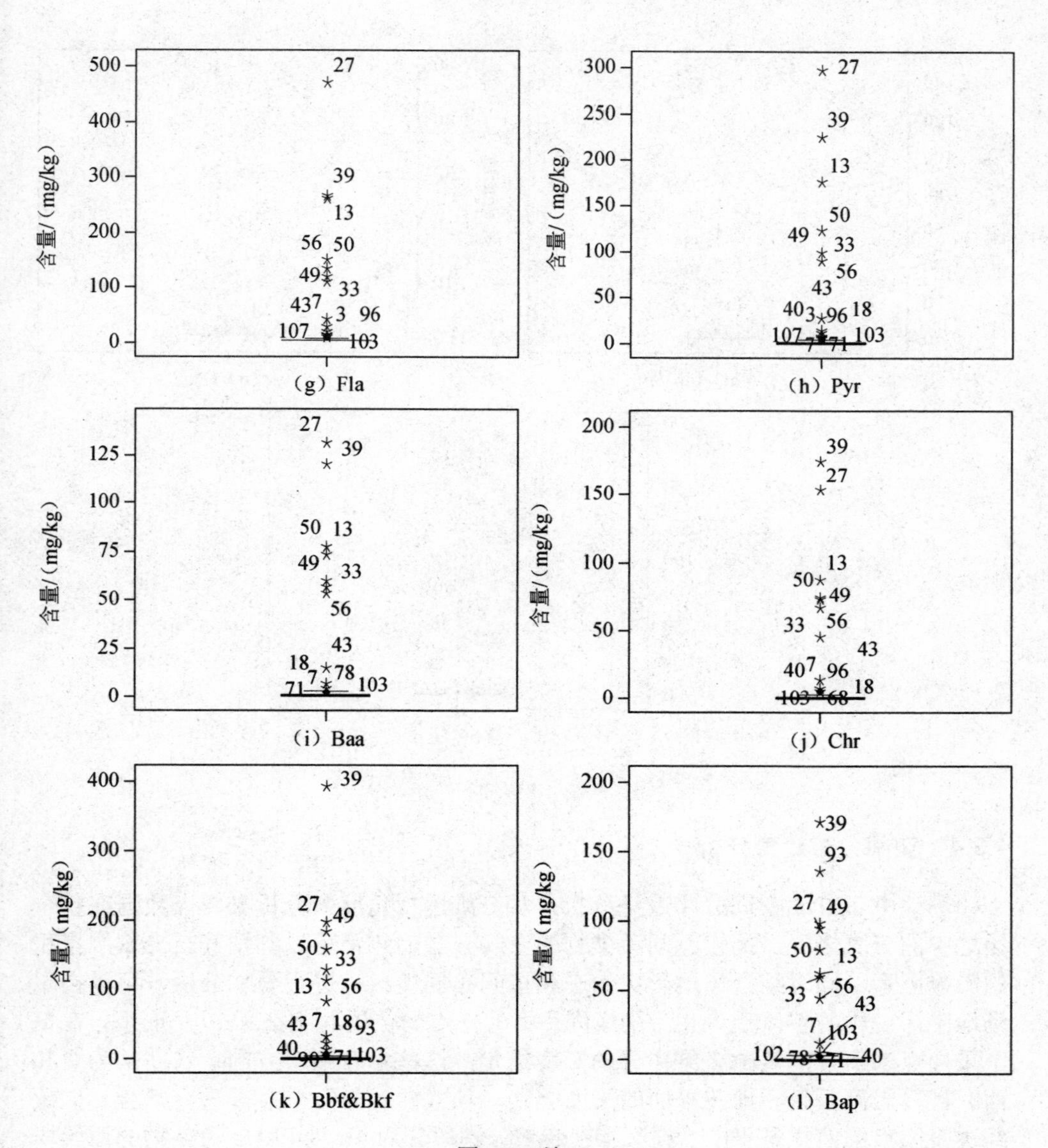

图 4-8（续）

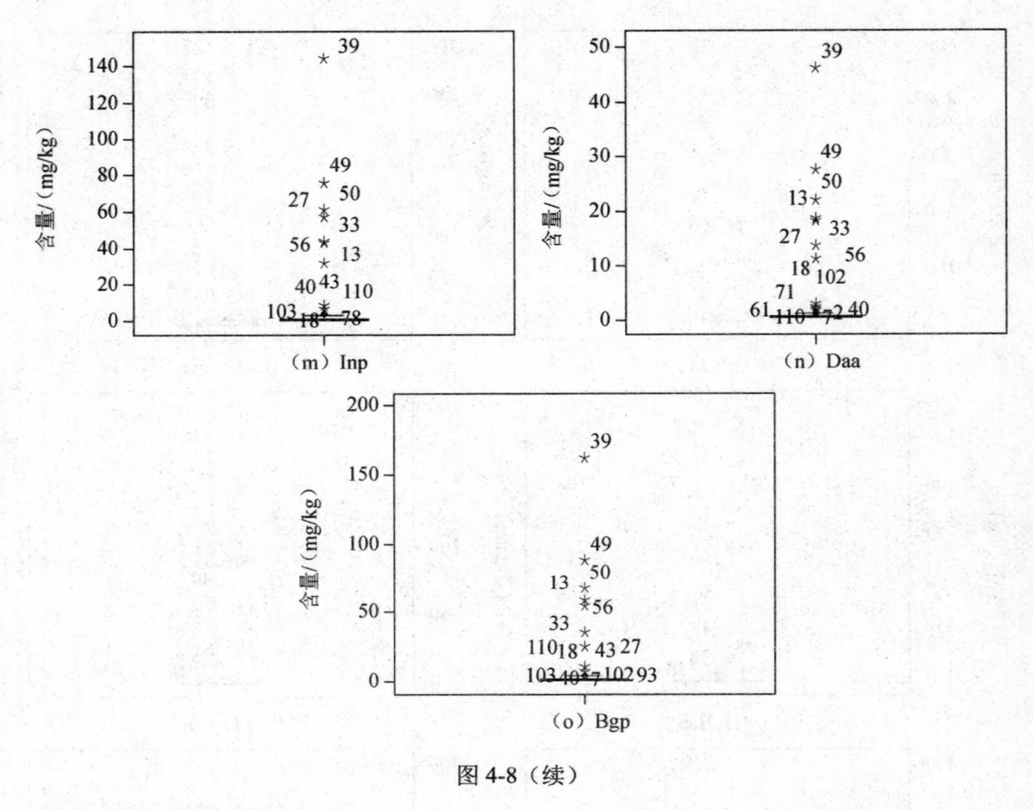

图 4-8（续）

4.2.4 空间分布趋势分析

场地中 PAHs 空间分布趋势分析是从三维透视角度来分析采样点数据在整个场地中的分布情况，比较不同污染物的空间分布趋势，可以判别其在土壤中累积的影响因素；同时结合场地历史生产和车间布局情况，进行叠加分析，可以揭示场地中污染物的整体趋势和污染成因。将采样点的位置绘制在 x、y 平面上，在每个采样点的上方，值由 Z 维中杆的高度给定，这些点在两个方向上（默认为北和西）被投影到垂直于地图平面的平面上，多项式曲线与每个投影进行拟合。如果经过投影点的曲线是平的，则不存在趋势。本研究对 16 种 PAHs 污染物的原始样点含量数据进行了趋势分析，趋势分析结果如图 4-9 所示，图中 X 轴表示东西方向，Y 轴表示南北方向，Z 为 PAHs 含量值。16 种 PAHs 含量在空间上都有一定的空间分布趋势，在东西方向上，除了 Ace 没有明显的趋势效应，其他 15 种 PAHs 的趋势较为一致，都是自东向西先升高后降低，Baa、Bap、Chr、Daa 等污染物在中部的升高幅度略高于其他污染物；在南北方向上，Nap、Acy、Phe、Ant 自南向北的趋势为持续升高，Ace、Fle 自南向北的趋势为先降低后升高，而剩余其他 10

种污染物自南向北的趋势为先升高后降低，Baa 和 Bap 在中部的升高幅度略高。这种空间分布趋势主要受场地车间及其污染源的影响，在厂区中下部的车间为炼焦分厂和焦油分厂，这 2 个车间为 PAHs 污染的主要来源，焦油车间污染物主要来自沥青生产过程中的废气无组织排放，炼焦车间污染物主要来自焦炉废气的排放。由于表层土壤的 PAHs 主要来自这 2 个车间排放的废气沉积，且该区夏季以东南风为主，冬季以西北风为主，因此在上述污染车间周边以及西北和东南方向沉降累积的污染物相对较多，即在南北和东西方向上表现为先升高后降低，在车间位置即中部位置上累积程度较高。

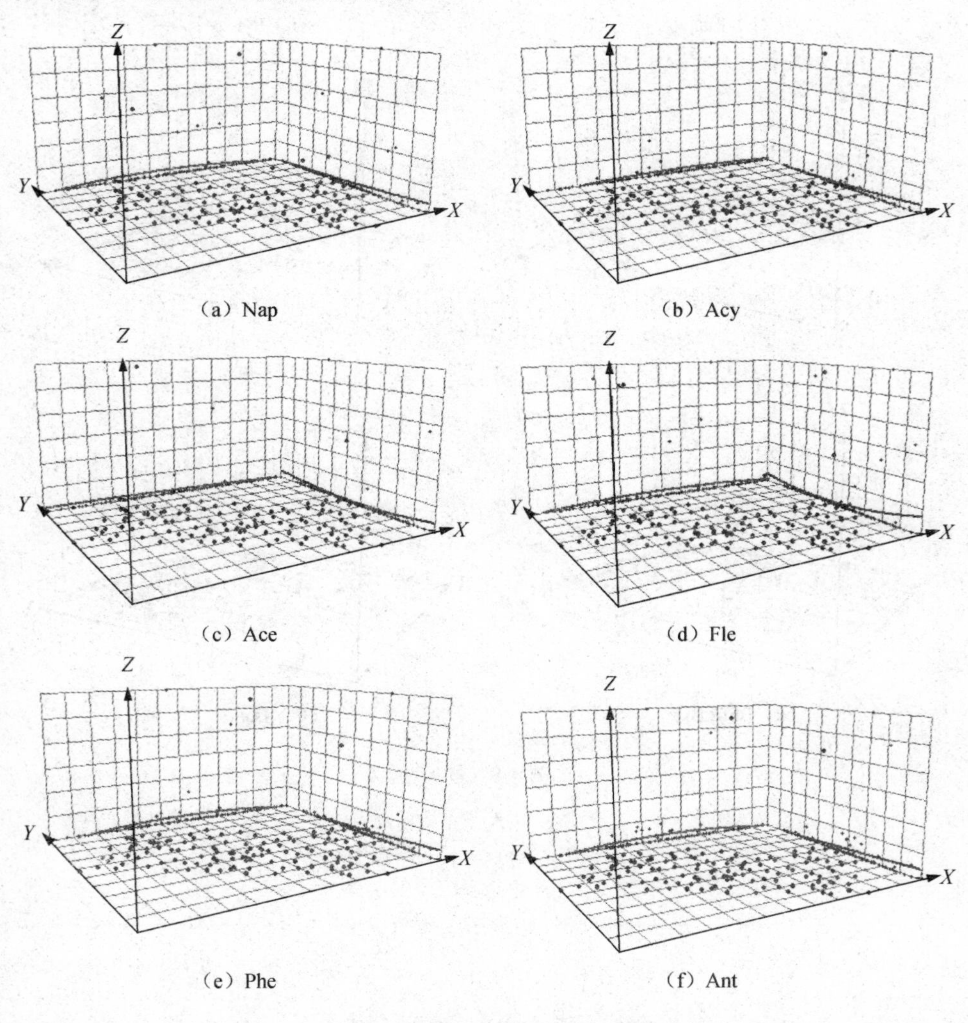

图 4-9　场地土壤中 PAHs 空间分布趋势分析图

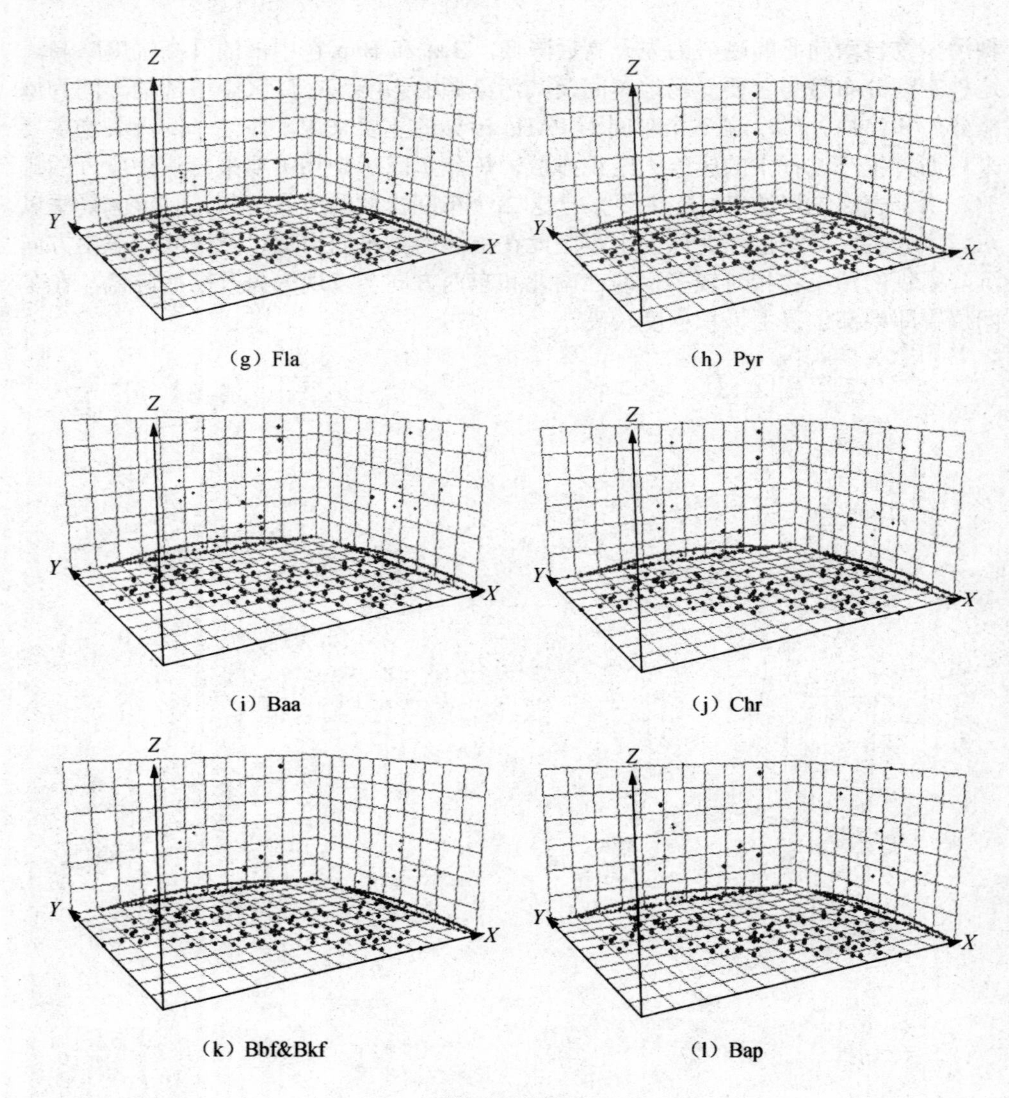

图 4-9（续）

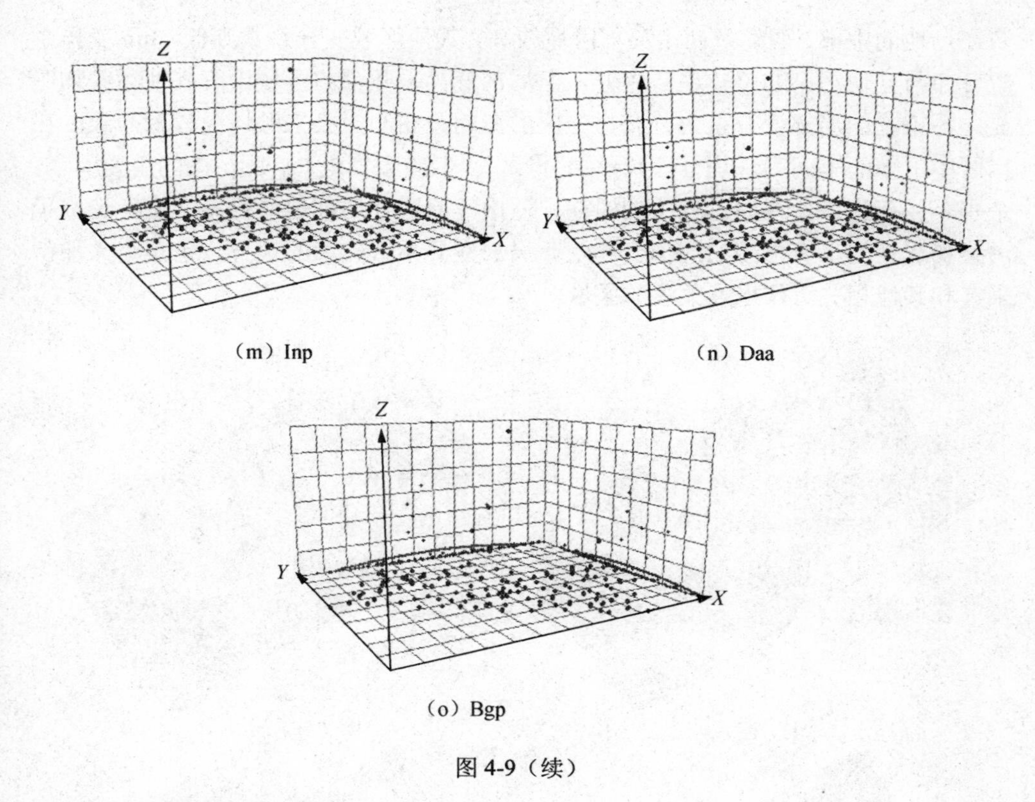

（m）Inp （n）Daa

（o）Bgp

图 4-9（续）

4.2.5 局部空间变异分析

该焦化厂属于大型的工业污染场地，场地中 PAHs 等有机污染物受历史生产布局、存放、管理等因素的影响，在局部地区存在浓度真实高值现象，从而造成污染物样点数据在场地中具有较强的空间变异性和分布的不连续性。本研究采用 Voronoi 方法分析样点与相邻样点的相似性，以此来判别土壤 PAHs 含量局部变化特征。根据采样点数据构建整个场地的 Voronoi 多边形，创建 Voronoi 图后，相邻点就被定义为其 Voronoi 多边形与选择样点的 Voronoi 多边形具有公共边的点，在对每个多边形进行赋值时，采用均值和标准差法，然后根据标准差与平均值的比值计算多边形的变异系数。本研究采用变异系数方法分析场地 PAHs 原始含量数据的空间变异特征，如图 4-10 所示。16 种 PAHs 变异系数的最小值、最大值、平均值和标准差见表 4-5。变异系数的范围为 0.21～3.16。从图 4-10 中 16 种 PAHs 的空间变异图可以看出，污染物在场地中的变异程度都较强，除 Nap 在场地中上部变异系数较大外，其他污染物的空间变异系数总体分布较为相似，空间变异系数在场地的中部、西北及西南局部区域较高，其他区域变异系数则低。Inp 变异系数分布与其他污染物整体趋势相似，但局部变异系数强的区域没有其他污染物明显。污染物的局部变异系数分布与厂区的车间分布和污染来源情况较为一致，在厂区中下部的车间为炼焦分厂和焦油分厂，产生的废气是 PAHs 污染的主要因素，个别车间在生产、存储过程中的泄漏、遗撒等原因使局部地区污染严重，造成了污染物在空间上有强烈的局部变异性。局部变异系数较大的地方，也是将来加密采样和其他相关工作重点关注的区域。

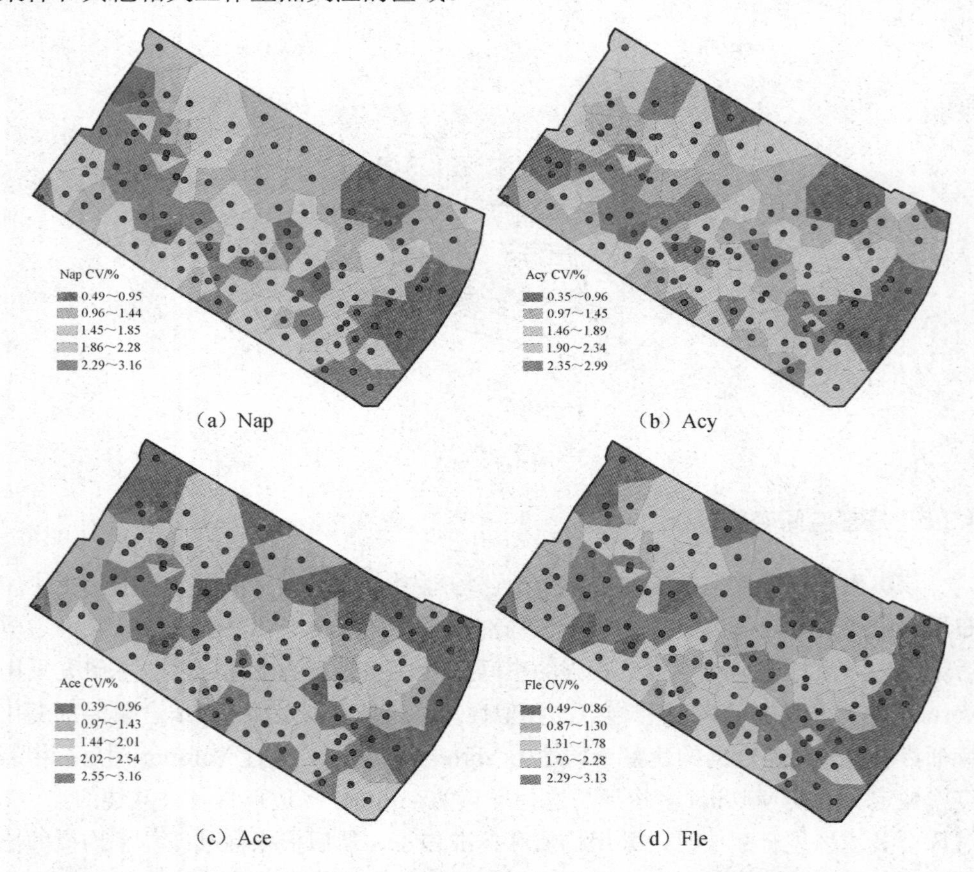

（a）Nap （b）Acy

（c）Ace （d）Fle

图 4-10 场地土壤中 PAHs 局部空间变异图（CV：变异系数）

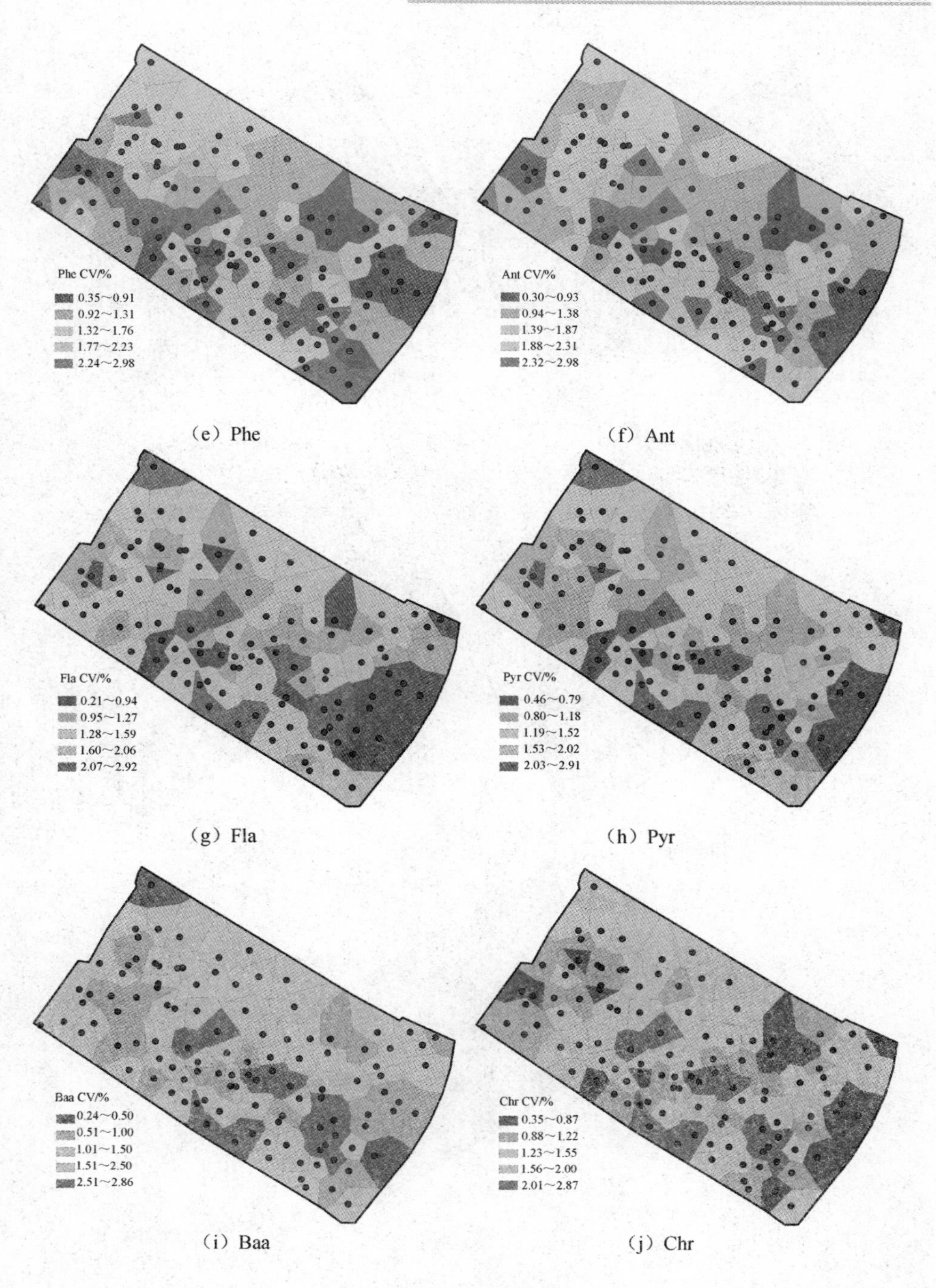

（e）Phe

（f）Ant

（g）Fla

（h）Pyr

（i）Baa

（j）Chr

图 4-10（续）

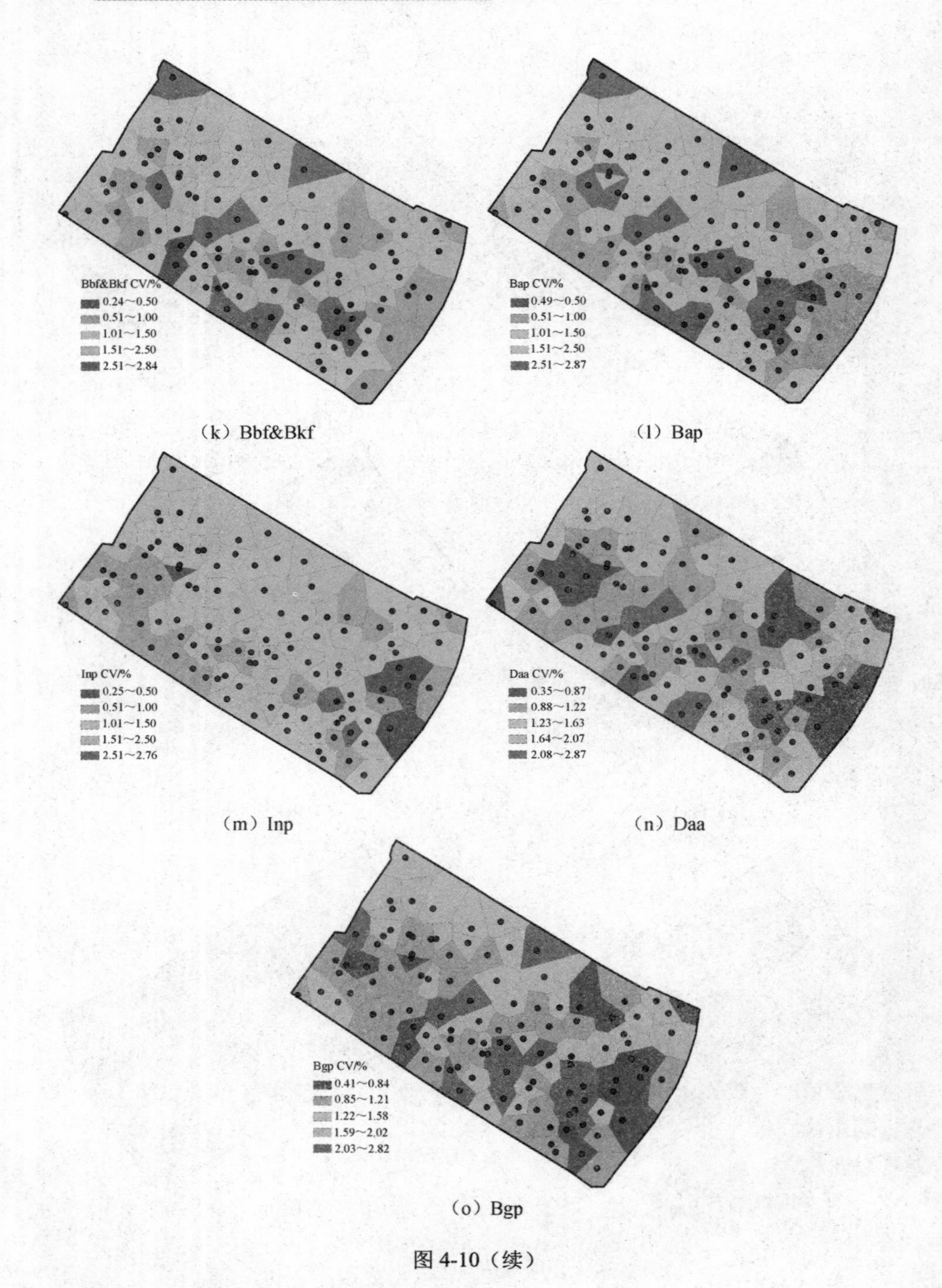

（k）Bbf&Bkf （l）Bap

（m）Inp （n）Daa

（o）Bgp

图 4-10（续）

表 4-5　场地土壤中 PAHs 变异系数的统计特征

污染物	最小值	最大值	平均值	标准差
Nap	0.49	3.16	1.75	0.65
Acy	0.35	2.99	1.68	0.62
Ace	0.39	3.16	1.78	0.70
Fle	0.49	3.13	1.66	0.72
Phe	0.35	2.98	1.55	0.63
Ant	0.30	2.98	1.66	0.58
Fla	0.21	2.92	1.47	0.53
Pyr	0.46	2.91	1.42	0.52
Baa	0.24	2.86	1.39	0.52
Chr	0.35	2.87	1.39	0.52
Bbf &Bkf	0.24	2.84	1.43	0.52
Bap	0.49	2.87	1.43	0.56
Inp	0.25	2.76	1.34	0.54
Daa	0.35	2.87	1.39	0.52
Bgp	0.41	2.82	1.39	0.55

通过污染场地 PAHs 样点含量数据的统计特征分析能够有效获取污染物的来源、成因以及污染特征与场地生产工艺的关系，同时也可以了解样点含量在空间上的趋势效应、采样点控制范围和局部空间变异较大区域。通过描述性统计分析结果可以看出，场地土壤中 PAHs 样点含量数据由于含有少数异常真实高值点，导致数据具有严重的偏倚性，均不符合正态分布特征，每种污染物均具有较高的偏度和峰度，变异系数都超过 300%，表明污染物在场地中具有很强的离散性特征。

利用多元统计分析能够对场地 PAHs 样点含量数据进行有效降维，抽取的前 2 个主成分可以较好地表达原有信息，在 PC1 上，高环 PAHs 单体有较大的载荷，在 PC2 上，低环 PAHs 单体有较大的载荷，PAHs 样点最大值较高的均为低环单体，表明场地中 PAHs 污染的种类和程度与不同车间的生产工艺有密切关系。从前 2 个主成分各自载荷的污染物来看，该场地受污染的 PAHs 种类较多。通过相关性分析和聚类分析结果可以看出，场地中受污染的 PAHs 都具有较强的相关性，表明赋存在表层土壤中的污染物受累积释放和人为干扰因素较大，并且与原来历史生产和车间布局有密切关系。

第5章

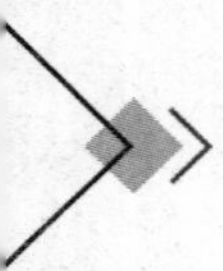

场地土壤中 PAHs 污染的热点区识别

由污染物样点含量数据的描述性统计分析和局部空间变异分析可知，污染物在场地中存在异常真实高值现象，造成极强的局部空间变异性，场地中某些极高含量的样点或者污染高风险区常被认为是污染的热点区域。在污染场地环境调查和修复治理工作过程中，往往更关注于热点区的识别及修复治理。热点区的去除可以很大程度上降低整个场地的风险危害。同时，热点区的识别也可以帮助判断场地的污染特征和污染程度，对补充采样计划的制订以及修复措施的选择都有一定的支撑作用。在场地调查中，关注热点区的同时，也应关注污染的热点区与冷点区连接的过渡区域。污染场地中热点区的分布特征和分布规律的识别对污染物空间分布预测和风险评价计算都有较大的影响。目前，一些空间自相关分析方法被引入热点区域或者空间聚集特征识别，如 Moran's I 指数方法（Prasannakumar et al.，2011；Jing et al.，2010）、Geary's C 指数方法（Barreto-Neto et al.，2004，Tiefelsdorf et al.，1997）、Getis' G 方法（Bohórquez et al.，2011；Lai，2009）以及 Join Count Analysis 方法（Epperson，2003；Kabos et al.，2002）。上述这些空间自相关描述的方法中，Moran's I 指数方法取得了较为广泛和成熟的应用（Getis et al.，1996），尤其被广泛地应用到环境管理领域（Castillo et al.，2011；Su et al.，2011；Brody et al.，2006；Zhang et al.，2004），但是该方法却没有应用到工业污染场地这种空间地学变量的研究中来。

因此，本书利用全局 Moran's I 指数和局部 Moran's I 指数方法来分析场地采样点数据的统计结构特征，用全局指数来描述土壤 PAHs 的总体分布情况，识别空间聚集现象和孤立现象；用局部空间自相关指数来识别场地中 PAHs 空间分布的热点区域和冷点区域。场地中特征污染物的热点区识别对本场地以及其他类似场地的加密采样和修复治理工作都有一定的指导意义。

5.1 研究方法

空间自相关是用来分析空间位置中某观测值与其邻近位置上的观测值的相关性和相关程度的一种空间变量数据的分析方法，是刻画某一变量的属性值与其相邻空间位置上的属性值是否显著相关的重要指标，包括空间正相关和空间负相关。空间正相关表示空间位置上的属性值变化规律与相邻空间位置的属性值变化规律趋势相一致，空间负相关变化规律则相反（孟斌等，2005）。区域环境变量是地学变量的一种，因其带有空间位置信息而不同于一般统计学意义上的变量，能够分析变量的空间变异性和空间分布特征。空间自相关分析等地统计学手段是研究空间变异性和空间分布规律的有效方法。

空间自相关方法在国外应用较早，20 世纪 60 年代末就已经在生态学等多个领域进行相关研究。国内从 20 世纪 90 年代末才开始引入空间自相关方面的研究，如张朝生等于 1995 年利用空间自相关研究天津市平原土壤微量元素含量的空间自相关性，李天生等于 1994 年进行了空间自相关与分布型指数的研究，陈志强等于 2005 年基于 SOTER 对漳浦样区土系主要理化性状空间自相关进行了分析。还有一些学者在其他领域运用空间自相关也开展了相关研究（王洋等，2011；洪国志等，2010）。这些研究在理论、方法、技术及实践应用等方面对空间自相关的发展、完善都起到了很大的推动作用，但并不代表该方法在区域环境以及其他领域的应用臻于成熟。空间自相关分析使用全局（Global）和局部（Local）两种指标来描述。全局空间自相关揭示某种规律在整体上的一种分布情况，并且判别这种规律在空间位置上是否存在空间上的聚集特征，用单一值来反映该区域的自相关程度，但不能准确指出聚集的区域。局部空间自相关计算每一个空间单元与相邻单元就某一属性值的自相关性程度。全局性不同空间间隔的空间自相关统计量依次排列，绘制空间自相关系数图，可以揭示该现象在空间上是否有阶层性分布。空间自相关有多种计算方法，本研究采用全局和局部 Moran's I 指数进行空间自相关的描述和对热点区的识别。

5.1.1 全局 Moran's I 及局部空间自相关

全局 Moran's I 指数的计算公式为

$$I=\frac{n\sum_{i=1}^{n}\sum_{j=1}^{n}w_{ij}\left(x_i-\bar{x}\right)\left(x_j-\bar{x}\right)}{\sum_{i=1}^{n}\sum_{j=1}^{n}w_{ij}\sum_{i=1}^{n}\left(x_i-\bar{x}\right)^2} \tag{5-1}$$

式中，n 为样本数量，即在空间位置上的个数；x_i、x_j 为所研究变量的变量值；w_{ij} 为空间单元 i 和空间单元 j 之间的邻近关系，当单元 i 和单元 j 在空间位置上相邻近时，$w_{ij}=1$，反之 $w_{ij}=0$。

全局 Moran's I 的取值范围为[-1,1]。越接近-1，表示单元间的差异越大或分布越不集中；越接近 1 则表示单元间的关系越密切，性质越相似；接近于 0 则表示单元间互不相关。对于 Moran's I 指数，可以用标准化统计量 Z 来检验 n 个区域空间自相关性的显著水平，Z 的计算公式为

$$Z = \frac{I - E(I_i)}{\sqrt{\mathrm{VAR}(I_i)}} = \frac{\sum_{j=1}^{n} w_{ij}(d)(x_j - \overline{x}_i)}{S_i\sqrt{w_i(n-1-w_i)/(n-2)}}, j \neq i \tag{5-2}$$

式中，E（I_i）和 VAR（I_i）为其理论期望与理论方差；E（I）=-1/（n-1），为理论期望值；d 为设定的判断两个点是否临近的距离。

当 Z 为正值并且存在显著特征时，表明变量在空间上存在正的自相关特征，即具有相似性的变量值（高值或者低值）趋近于空间上的集聚；当 Z 为负值并且存在显著特征时，表明具有相似性的变量值存在负的空间自相关特征，即相似的变量值趋近于离散分布；当 Z 为 0 时，则变量值表现为随机分布特征。

局部空间自相关的构建需要满足局部空间自相关统计量的和与对应的全局空间自相关统计量相等的条件，并且能够代表在每个空间位置上的变量值与其相近位置的变量值是否存在相关性（Carl et al.，2007）。当研究变量不存在全局空间自相关性时，利用局部空间自相关发现可能存在的空间自相关的位置；当有全局空间自相关性特征时，局部空间自相关可以帮助讨论是否存在空间上的异质性。此外，局部空间自相关特征，能够揭示空间位置上的异常值和离群值；局部空间自相关也可以用来分析可能存在的和全局空间自相关性结果相异的局部空间自相关位置，如研究结论是全局空间正相关时，可以分析是否存在空间负相关及空间负相关的位置。在每个空间位置上都有各自的局部空间自相关统计值，可以利用显著性图或者散点图将分析结果直观显示出来。局部空间自相关也有多种计算方法，本研究选择局部 Moran's I 指数法来进行计算。空间位置 i 上的局部 Moran's I 的计算公式为

$$I_i = \frac{(x_i - \overline{x})}{S^2}\sum_j w_{ij}(x_j - \overline{x}) \tag{5-3}$$

局部 Moran's I 指数检验的标准化统计量为

$$Z(I_i)=\frac{I_i-E(I_i)}{\sqrt{\mathrm{VAR}(I_i)}} \tag{5-4}$$

式中，$E（I_i）$和 VAR（I_i）为其理论期望和理论方差。

当局部 Moran's I 的指数值大于数学期望，并能通过检验时，存在局部的空间正相关性；当局部 Moran's I 的指数值小于数学期望时，存在局部的空间负相关性。

5.1.2　空间权重矩阵

空间自相关性的计算要通过空间连接矩阵实现。空间连接矩阵代表空间上不同单元之间潜在的相互作用，一般表示成 N 维的矩阵，通过空间相邻与空间距离两种方法来确定。通常情况下，空间连接矩阵都是根据邻近性规则确定的。邻接矩阵定义为

$$W_{ij}=\begin{cases}1, \text{如果}i\text{与}j\text{有公共边}\\0, \text{果}i\text{与}j\text{没有公共边}\end{cases} \tag{5-5}$$

当用邻接标准来定义不同区域单元的关系时，邻近又分为直接 4 邻域邻近法、对角线方向 4 邻域邻近法和 8 邻域邻近法等几种邻近方式。直接 4 邻域邻近法规则反映与每个单元直接邻接的 4 个位置的邻近关系，对角线方向 4 邻域邻近法只考虑每个单元的对角线方向的邻近关系，8 邻域邻近法考虑 8 个单元的邻近关系。在实际应用中，一般多采用直接 4 邻域邻近法，即一阶邻接定义邻近关系，本研究也采用这种方法来构建空间权重系数矩阵。

Moran 散点图用于研究局部的空间不稳定性，分为 4 个象限，4 个象限分别对应区域单元与邻近单元 4 种类型的局部空间关系。第一象限（HH）——高值区域单元被高值的区域单元所包围；第二象限（LH）——低值的区域单元被高值的区域单元所包围；第三象限（LL）——低值的区域单元被同是低值的区域单元所包围；第四象限（HL）——高值的区域单元被低值的区域单元所包围。其中，第一象限（HH）和第三象限（LL）表示空间正自相关性，即相似性特征聚集；第二象限（LH）和第四象限（HL）表示空间负自相关性，即异质性特征聚集。

5.1.3　全局空间自相关和局部空间自相关适用性对比分析

全局空间自相关是对研究变量在空间上的一个总体性描述，对同质的空间变量具有较好的应用效果，但对于区域土壤环境变量，尤其是大型工业污染场地这种典型的点源污染，土壤中污染物在空间上具有很强的空间变异性和空间分布的

不连续性。在目标研究区内，受特征污染物分布规律的影响，在空间位置上空间正相关和空间负相关具有同时存在的可能，因此，单独使用全局空间自相关分析具有局限性，而局部空间自相关特征分析可以弥补全局自相关分析的不足，在具体的研究过程中，两种分析方法要结合使用。

5.2 全局空间自相关性分析

5.2.1 全局空间自相关的散点图分析

本研究选择 PAHs 中 6 种典型污染物 Nap、Chr、Bbf & Bkf、Inp、Daa、Bgp 进行空间自相关性分析。采用直接 4 邻域邻近法构建权重矩阵，首先制作 6 种污染物样点含量数据全局自相关的散点图，如图 5-1 所示。图中纵轴被指定为每种污染物的含量，没有进行明确的空间滞后计算。污染物含量在横轴上，已经相对于标准差进行了标准化。散点图以平均值为轴的中心，将图分为 4 个象限。每个象限对应于不同的空间自相关类型，即高高和低低为正相关，低高和高低为负相关，每种污染物的 Moran's I 指数如图 5-1 所示，全局 Moran's I 指数的取值范围在[-1，1]，越接近-1，表示单元间的差异越大或分布越不集中；越接近 1 则表示单元间的关系越密切，性质越相似；接近于 0 则表示单元间互不相关。从图 5-1 可以看出 6 种污染物的全局自相关指数值，除 Nap 外，其他 5 种污染物的全局自相关指数值均大于 0，表明污染物在空间上的阶层分布具有一定的相关性。Nap 由于其样点含量的最大值是最小值的数千倍，计算出的空间自相关性不是太明显。从在 4 个象限中的分布状况来看，第一象限（HH）中均有样点分布，表明样点在空间上存在一定的空间正相关特征。要具体识别、量化空间特征时，还应通过局部空间自相关方法来计算局部空间自相关指数。

对 6 种污染物的 Moran's I 指数基于 4999 次随机序列的推断如图 5-2 所示。Moran's I 的推断基于随机序列，多次重新计算统计量产生一个参考分布，将得到的统计量与参考分析相比较，计算一个假设显著性。图中右侧为参考分布，线条为统计量，图中左上角列出了序列数量和假设显著性水平，统计值为每种污染物的 Moran's I 值，图中 $E(I)$为理论平均值，Mean 和 Sd 分别为经验分布的平均值和标准差。从图 5-2 可以看出，推断后的 Moran's I 指数与统计量都较为接近，呈近似正态分布，表明污染物在空间上具有一定的空间自相关特征。

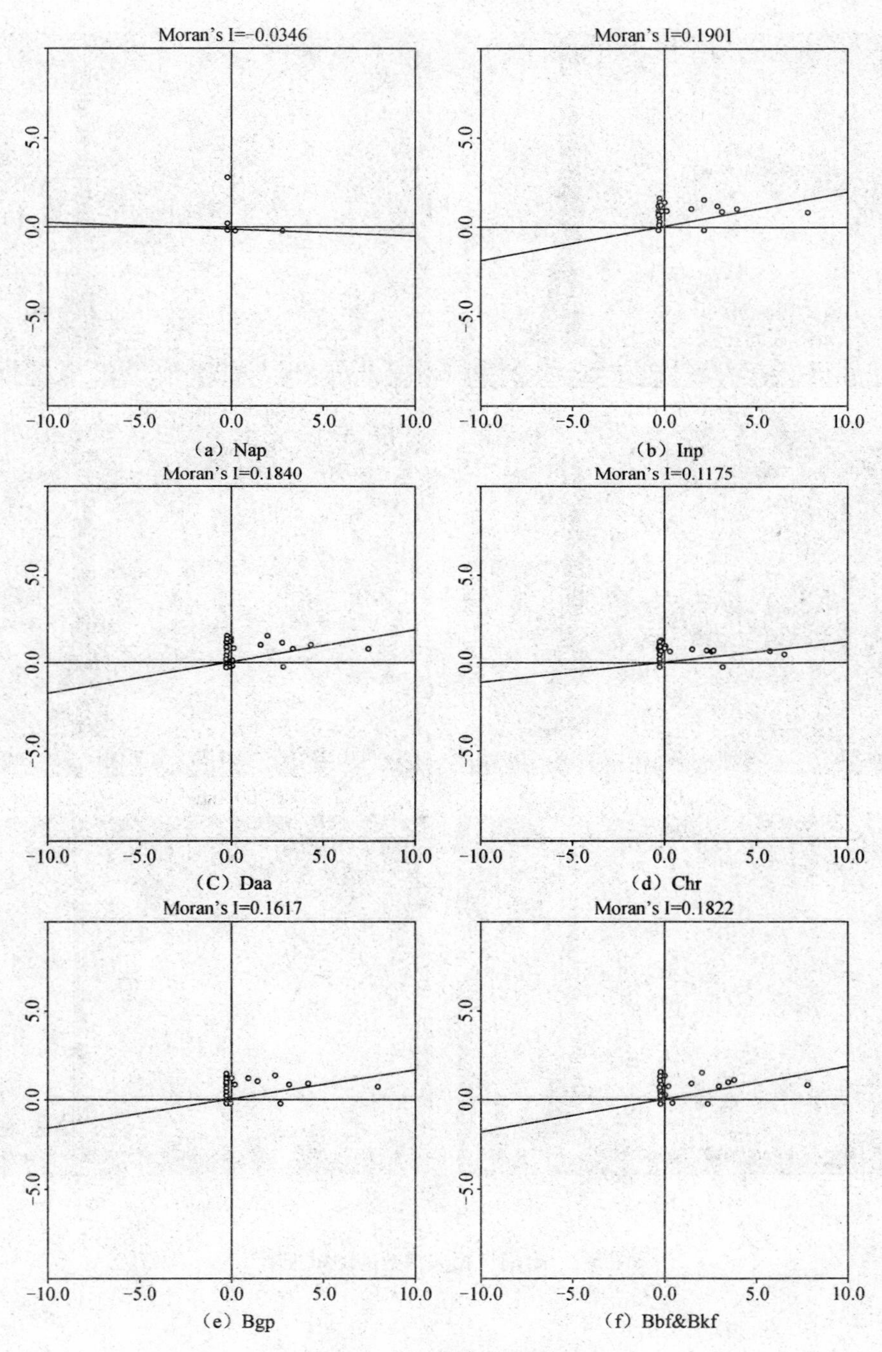

图 5-1　全局自相关散点图

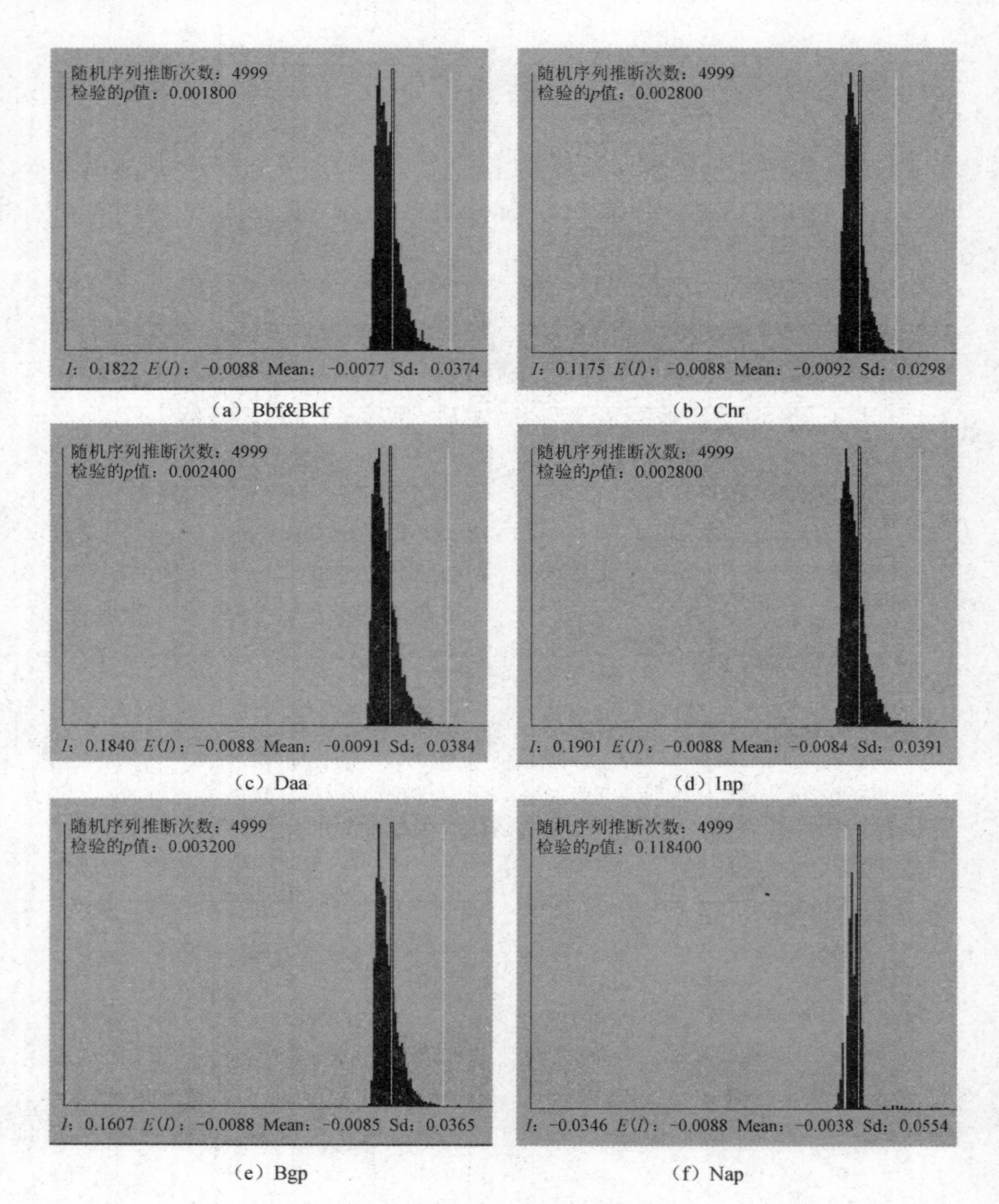

（a）Bbf&Bkf （b）Chr

（c）Daa （d）Inp

（e）Bgp （f）Nap

图 5-2 全局自相关指数的随机推断

5.2.2　全局空间自相关统计结果

利用 OpenGeoDa 软件计算土壤 PAHs 的全局空间自相关系数 Moran's I，以近似于正态分布为前提进行 Moran's I 指数的标准化。通常来讲，Moran's I 指数的绝对值越大，空间自相关性就越强，标准化后的 Moran's I 指数值越大，空间结构特征就越显著（Huo et al.，2012）。图 5-3 为土壤中 PAHs 全局空间自相关指数，图中 *Y* 轴是标准化后的 Moran's I 指数值，*X* 轴为空间自相关计算的距离范围。通过标准化后的空间自相关图能够揭示土壤中 PAHs 的空间自相关特征，可以发现变量在研究区域内是否存在空间聚集和空间孤立特征，同时也可以获取变量的空间自相关尺度。正的空间自相关现象表明要素在研究区域内存在空间聚集现象，负的空间自相关现象表明要素在空间结构上存在孤立现象。通过空间自相关计算后，一般会有多个正相关，较近的正相关距离一般认为是变量的空间自相关距离。从图 5-3 可以看出，Nap 在 350～750m 以及 1850～2100m 范围内存在正的空间自相关性，表明 Nap 在上述空间距离范围内存在空间聚集特征；标准化后 Nap 的 Moran's I 指数值在 800～1750m 范围内存在负的空间自相关性，表明 Nap 在该范围内存在空间孤立现象。除了 Bgp 在空间上的孤立区域范围大于空间聚集特征外，所研究的其他 PAHs 都表现出类似的空间聚集和空间孤立现象。Chr 的空间自相关系数在 0～850m 范围内为正，在 850～2000m 范围内为负；Bbf & Bkf 的空间自相关系数在 260～1200m 范围内为正，在 1450～2200m 范围内为负；Inp 的空间自相关系数在 240～850m 范围内为正，在 850～1900m 范围内为负；Daa 的空间自相关系数在 300～780m、1100～1350m、1650～2050m 范围内为正，在 240～300m、780～1100m、1350～1650m 以及 2050～2200m 范围内为负；Bgp 在 240～260m、1200～1700m 范围内为负，其他区域为正。Nap、Chr、Bbf & Bkf、Inp、Daa 以及 Bgp 的空间自相关尺度分别为 750m、850m、1200m、850m、750m 和 1200m。

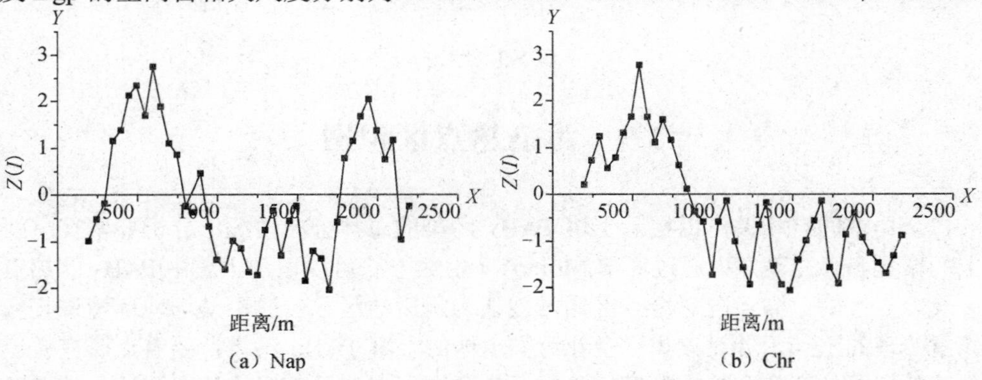

图 5-3　标准化全局空间自相关指数

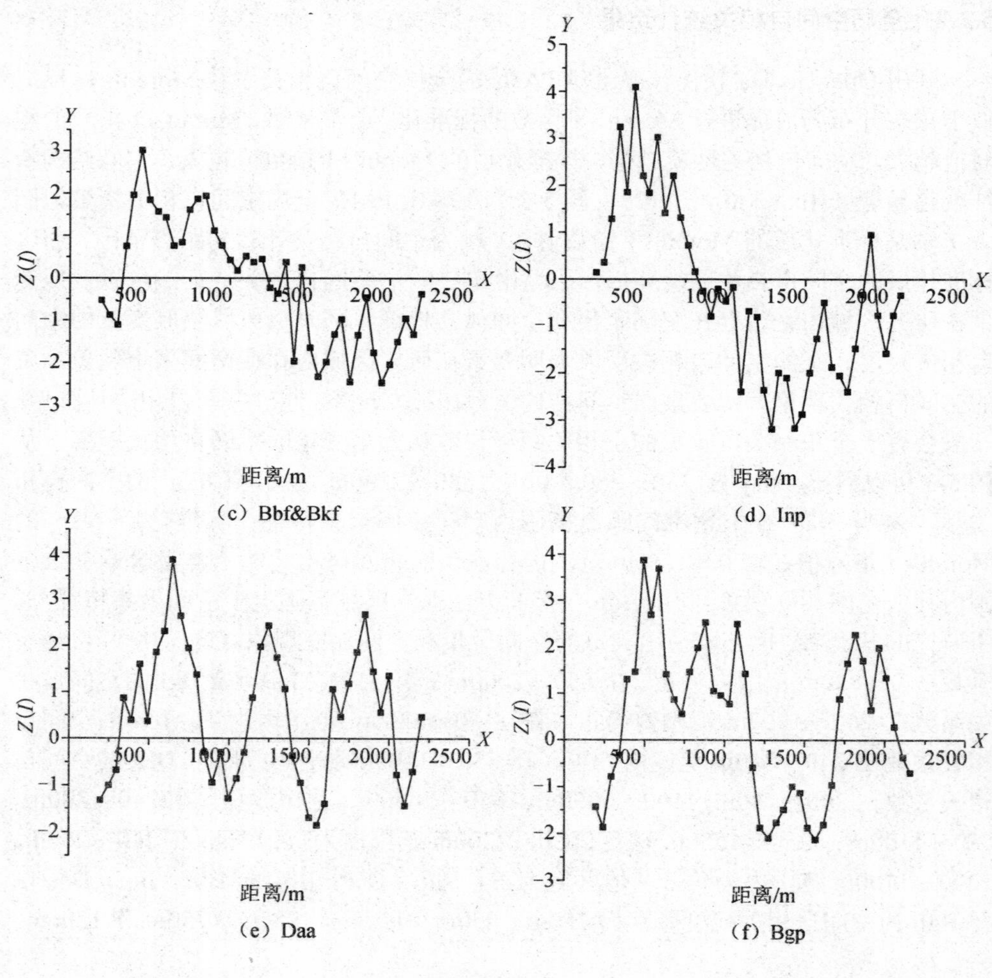

图 5-3（续）

5.3 污染热点区识别

全局空间自相关可以揭示土壤 PAHs 污染的总体分布情况，分析要素在空间上的聚集和孤立现象。通过局部 Moran's I 指数方法可以识别土壤中 PAHs 的热点区及冷点区的分布情况。冷点区通常被认为是清洁区，一般不是场地环境调查和修复治理的重点。针对该焦化企业污染场地的土壤 PAHs 污染，要重点研究并识别其热点区的存在和分布及高风险的污染区域，在该场地污染情况被量化的情况下，热点区的识别对掌握场地的污染和风险状况具有重要作用。利用局部 Moran's I 指数方法，基于 300m 的权重距离，计算土壤 PAHs 的局部聚集特征，结果如图 5-4 所示。从图 5-4 可以看出，所研究的 PAHs 存在显著的空间聚集和空间孤立现象。图 5-4 中 High–High 值区域代表土壤中 PAHs 的热点区域，Low–Low 值区域代表土壤中 PAHs 的冷点区域。以 Nap 为例，图中存在 9 个高值聚集区，主要分布于场地的中下部区域，在西南和东南部区域有 7 个低值聚集区，同时还存在一些 Low–High 和 High–Low 聚集值。Chr 的计算结果有 9 个高值聚集区和 7 个低值聚集区，但是对于空间异常值 Low–High 值则增加到 15 个，主要分布在场地的东部区域。Bbf & Bkf 和 Daa 分别有 12 个和 6 个高值聚集区，Bgp 和 Daa 分别有 8 个和 5 个低值聚集区，为低值聚集个数最多和最少的两种污染物。

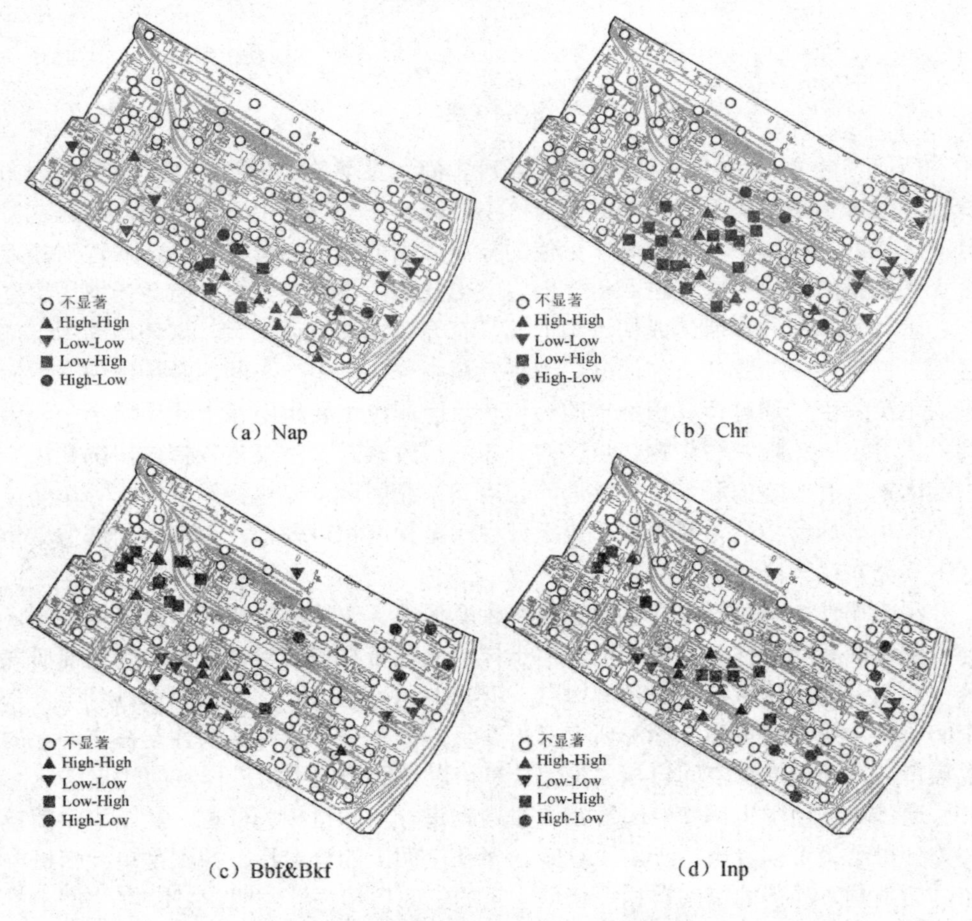

图 5-4　土壤 PAHs 局部空间自相关聚集特征

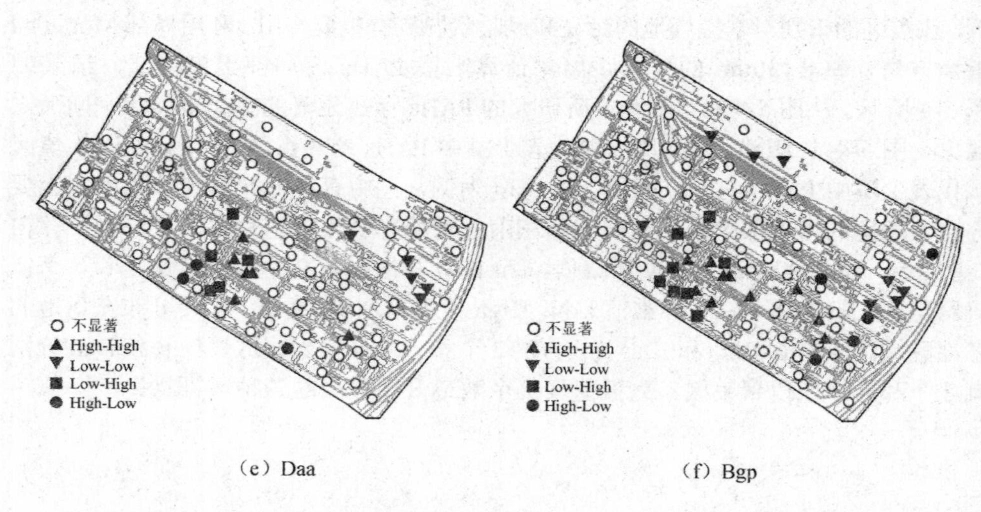

（e）Daa （f）Bgp

图 5-4（续）

所研究的 6 种 PAHs 都存在上述 4 种空间聚集现象，虽然在场地中整体分布情况不同，但总地来看，污染的热点区主要分布在场地的中下部区域，即在这些分布区域的采样点中具有较高含量值的样点周围同样被高值点包围。通过对热点区识别结果的分析可以看出，场地土壤中 PAHs 污染的热点区分布与场地历史生产、管理及车间布局所造成的污染情况具有一致性。总体上看，该场地的中下部区域主要有回收一分厂、焦油分厂、煤气精制分厂等生产车间，是场地中产生污染的主要原因，通过计算识别出的污染热点区域也主要集中在上述区域当中。由此可以看出，场地中污染物热点区的分布与污染原因、污染累积释放情况和污染影响因素具有一定的联系。在场地的西南和东北区域主要包括煤气净化等车间，不是产生场地污染的主要因素，该区域中污染程度相对较轻，识别出的低值聚集区主要分布在该区域中。

污染场地中土壤样点含量数据是一种典型地学变量，与普通随机变量不同，地学变量既有随机性又有规律性。由于样点变量带有空间坐标信息，因此要研究其在空间上的统计特征和分布规律。空间自相关性是区域化变量的基本属性之一，空间自相关统计量可用于检测研究区内变量的分布是否具有结构性及在空间上的聚集特征，通过局部空间自相关指数计算可以识别场地中污染样点的热点区域。

通过对场地中土壤 PAHs 样点含量数据进行空间自相关分析，从全局空间自相关分析结果可以看出，土壤 PAHs 含量在空间上的分布特征并不是单纯随机分布，而是具有显著的空间自相关特征，正的空间自相关性表明 PAHs 在空间上具有聚集特征，负的空间自相关性表明 PAHs 在空间上存在孤立现象。Nap、Chr、

Bbf & Bkf、Inp、Daa 和 Bgp 的空间自相关尺度分别为 750m、850m、1200m、850m、750m 和 1200m。

从局部空间自相关分析计算结果可以看出，土壤中 PAHs 存在不同的空间聚集特征，污染的热点区域主要分布于场地的中下部，产生污染源的主要生产车间即在该区域。从热点区识别的结果可以看出，该场地污染情况较为严重，热点区的识别对提高场地污染环境调查以及后续的修复治理工作都具有重要的意义。

第6章 场地土壤中PAHs空间分布的分异性特征

准确获取污染物空间分布信息对污染场地风险评估、修复治理以及科学管理具有重要的现实意义（张厚坚等，2010）。污染土壤的空间分布常采用确定性插值模型和地统计学插值模型来进行空间分布预测计算，确定性插值模型中的各种方法受其算法的影响，都有一定的适用范围。例如，反距离加权方法可以为变化大的数据进行插值预测，但在计算过程中不考虑样点的空间位置信息，如果采样点不具备均匀分布的特征，则预测效果较差；样条函数方法适用于光滑的表面，一般要求有连续的一阶或二阶导数，但是当采样点很少时，预测结果可能会出现难以解释地学规律的现象；径向基函数方法也可以对大量数据样点进行插值，但插值结果需要结合插值机理进行解释。因此，这些方法在具体使用中优劣不尽相同，常通过比较来确定精度最高和最优的一种。地统计学方法由于能够提供最佳无偏估计且考虑样本空间结构信息，因此被广泛应用于土壤污染的空间分布预测。当目标污染物数据符合正态分布时，地统计学中克里格方法非常有效。但已有研究表明，受土壤介质本身自然属性以及污染源等因素的影响，土壤样点中污染物含量有高值点存在且空间分布有很大的离散性和偏斜度（Wu et al.，2006），尤其在工业污染场地这种典型点源污染区域，污染物土壤样点含量含有异常真实高值，这些异常值比整个数据集的平均值或者中值高出数百倍，这些异常值并非化验分析误差或者人为错误引起，而是受局部重污染的影响真实地存在于场地当中。这些异常高值点是场地风险评价及修复治理关注的重点区域，不能对其进行剔除处理。非正态分布数据集在使用地统计学方法进行预测时，常采用对数正态变换、等级次序变换等方法对数据进行转换（Xie et al.，2011；肖斌等，2001；Journel et al.，1996），使其符合正态分布，但在数据变换以及预测结果的逆变换中，会使原始数据失真，且对高值点有较大的平滑效应，预测结果及精度并不十分理想。

在面积较大的工业污染场地中，PAHs等有机污染物在局部地区存在浓度真实高值现象，“热点区”的存在使数据特征难以用传统常用的模型进行空间分布计算，污染边界的确定缺乏科学性。为了解决参数地统计学的不足，非参数地统计学被提出并得以发展，非参数地统计学在预测计算过程中不需要被预测数据集符合正态或者其他分布特征，也不需要对原始数据进行变换，其基本原理是将被预测的数据转变成非参数数据，然后基于克里格方法进行计算。指示克里格模型属于非参数地统计学领域，在预测过程中能有效规避数据异常值和实际特征分布的影响，把原始数据转换为非参数数据，在地质、生态、土壤污染等领域已得到了广泛的应用（Figueira et al.，2009；Bastante et al.，2008；Yang et al.，2008；Atkinson et al.，1998）。国内也使用该方法在土壤盐分及有机质空间变异（杨奇勇等，2011；杨劲松等，2008）、裂隙介质参数分布（吴蓉等，2004）、地下水硝酸盐含量分布（李保国等，2001）、水稻禁产区筛选（赵玉杰等，2009）等领域进行了应用研究，但用于污染场地污染物的空间分布预测却未见报道。因此，有必要将该方法引入污染场地有机污染物空间分布预测的研究中来。

本研究的目的，基于非参数地统计学中的指示克里格方法，对特定焦化工业污染场地中有部分异常值且具有较大偏斜度的 PAHs 类污染物进行空间分布预测并进行污染概率制图，以期为后续的风险评估、修复治理等工作提供科学的指导。

6.1　研究方法

指示克里格方法属于非参数地统计学的范畴，无须假设数值来自某种特定分布，也不需要对原始数据进行某种转换（侯景儒，1990）。在具体使用指示克里格方法预测时，首先要进行原始数据的指示转换，根据研究需要和原始数据分布特征，设置一组指示转换的阈值 z_k，$k=1,2,3,\cdots,K$，指示转换的公式为

$$I(x,z_k)=\begin{cases}1, z(x)\leqslant z_k \\ 0, z(x)>z_k\end{cases}(k=1,2,3,\cdots,K) \tag{6-1}$$

原始样点数据根据设置的阈值，经指示转换为 k 组指示化含量值，基于转换后的数据求出这些阈值条件的累积概率分布，可以预测未采样区的平均含量在某一范围的概率。设区域内 u 处出现阈值小于 z_k 的概率为 $F(u,z_k)$，P 为概率，指示函数 $I(x,z_k)$在待估值区 u 处的数学期望为

$$E\left\{(u,z_k)\right\}=1*P\left\{z(u)\leqslant z_k\right\}+0*P\left\{z(u)\succ z_k\right\}=P\left\{z(u)\leqslant z_k\right\}=F(u,z_k) \tag{6-2}$$

当$I(x+h,z)$和$I(x,z)$为被矢量 $\boldsymbol{h}$ 分隔的两个指示变换数据点时，可定义指示变异函数为

$$\gamma_I(h,z)=\frac{1}{2}E\left\{\left[I(x+h,z)-I(x,z)\right]^2\right\} \tag{6-3}$$

根据上述建立的指示变异函数，可计算条件累积分布函数：设指示化数据为

$I(u_a,z_k)(k=1,2,3,\cdots,K;a=1,2,3,\cdots,N)$，$N$ 为原始样点数。未采样点的估计值 $I^*(u,z_k)\ (k=1,2,3,\cdots,K)$ 的计算公式为

$$[I(u,z_k)]^*=\sum_{a=1}^{n}\lambda_a I^*(u,z_k)=F^*\left[z_k\middle|(N)\right] \tag{6-4}$$

式中，λ_a 为权重，采用普通克里格方法进行确定。

待估值点 u 处的指示化含量 $I(u_a,z_k)$ 的估计值即为该点处不大于阈值 z_k 的概率。

在条件累积分布函数计算后，设待估值点 u 在 z_{k-1} 和 z_k 的条件累积分布函数计算值之差即为点的含量出现在阈值$[z_{k-1},z_k]$的概率，取 z_{k-1} 和 z_k 的平均值 z_k，则可得到 u 处平均含量估计值的计算公式，为

$$z^*(u)=\sum_{k=1}^{n}\hat{z}_k\left\{F^*\left[z_k\middle|(N)\right]-F^*\left[z_{k-1}\middle|(N)\right]\right\} \tag{6-5}$$

6.2 阈值设定及指示半变异函数的拟合

6.2.1 阈值设定

合理的阈值设定对指示克里格概率预测结果的准确性具有重要作用，不同研究目的、研究对象特点以及样点数据特征，阈值选择的标准和方法不尽相同。阈值选择主要根据研究目标的专业要求、估计误差和允许风险大小进行选择（刘全明等，2009）。在已有使用指示克里格方法的研究过程中，阈值选择主要依照数据的中位数、分位数特点以及相关标准规定值来进行确定。在阈值确定过程中，要充分依据原始样本数据的统计分布信息与特征，使阈值在样本数据含量分布范围内均匀分布且尽量体现样本数据的分布特征。综合考虑上述因素，本研究初步拟定数据中位数作为预测的阈值，分析后发现，数据中位数与北京市污染场地土壤筛选值所规定的标准非常接近。结合本研究的目的，故最终采用后者作为阈值进行指示克里格计算，污染预测结果将更具有现实意义。本研究选择样点超标率最高的 4 种 PAHs——Bbf&Bkf、Baa、Bap、Inp 为研究对象，设定的阈值分别为 0.6mg/kg、0.6mg/kg、0.4mg/kg、0.4mg/kg。通过计算并比较发现预测精度并未受到影响。因此，本研究最终选择北京市污染场地土壤筛选值所规定的 4 种 PAHs 的标准值作为本研究计算的阈值。

6.2.2 指示半变异函数的拟合

稳健的半变异函数构建及参数的获取是进行科学插值预测计算的基础，由于

样点的空间异质性原因，在不同方向的半变异函数也都不同，考虑到实际样点数量情况，本研究通过调整不同方位上的抽样间隔距离，将半变异函数的各向异性结构转化为各向同性。根据 6.2.1 节设定的阈值，对采样点浓度数据进行指示转换，对指示转换后的数据在地统计学软件 GS+7.0 中进行反复计算比较，获取了 4 种污染物最佳半变异函数，Inp 符合球状模型，其他 3 种符合指数模型，拟合的块金值、基台值、变程残差和决定系数等各项参数以及半方差图如图 6-1 所示。

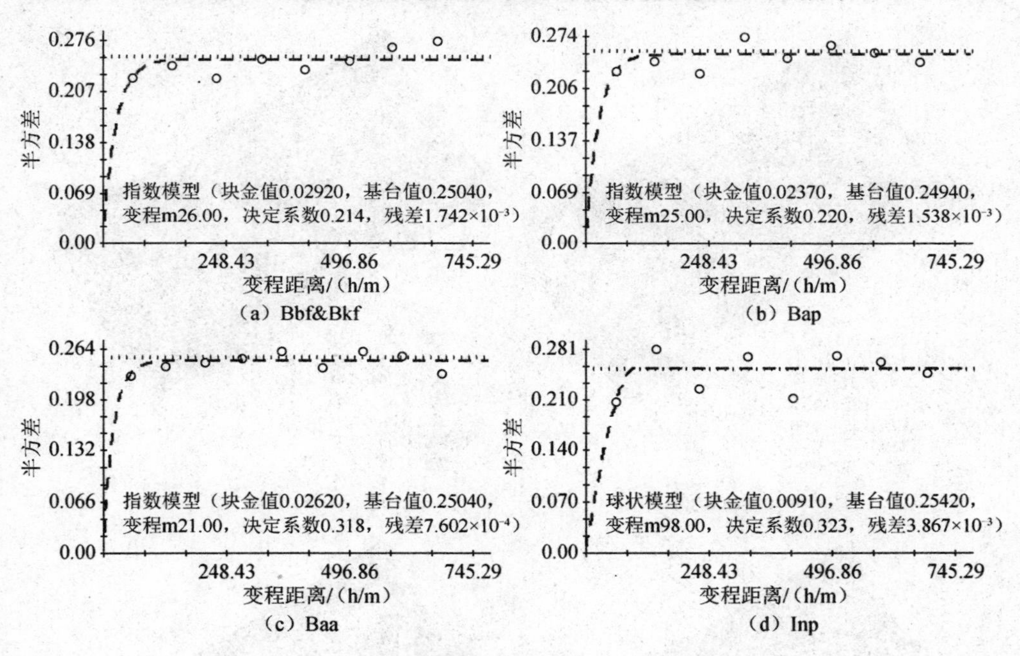

图 6-1　PAHs 的半方差图与半变异函数拟合模型

6.3　污染场地 PAHs 分布的指示克里格分析

根据 4 种 PAHs 的指示半变异函数模型，依据公式，计算并绘制了 4 种污染物基于设定阈值的污染空间概率分布图，如图 6-2 所示。从空间概率分布图可以看出，PAHs 污染概率在 0～100%，由于超过设定污染阈值的样点均在 50%左右，且部分超标样点的浓度为设定阈值浓度的几百倍，因此采用指示克里格方法进行插值预测的污染概率都较高。为深入了解本污染场地 PAHs 的空间分布特点，将概率预测结果转化为栅格数据，对 4 种 PAHs 的概率分布进行风险评价，不同污染概率的污染面积见表 6-1。从整体上看，4 种 PAHs 在各种概率区间分布的面积较为接近，以 Bbf&Bkf 为例，面积分布最广的是概率区间 0～15%，占总面积的 19.39%；其次是区间 61%～78%，占总面积的 16.18%；最高概率区间 79%～99%分布范围占总面积的 10.92%；概率<35%的范围占总面积的 42.25%，概率>46%的范围占总面积的 42.42%。若以概率>50%计，则有近一半的面积属于污染范围，整个场地的污染较为严重。对场地中 PAHs 的概率预测结果进行分级定量定位，对污染场地的修复治理边界的确定和土方量的估算具有重要作用。

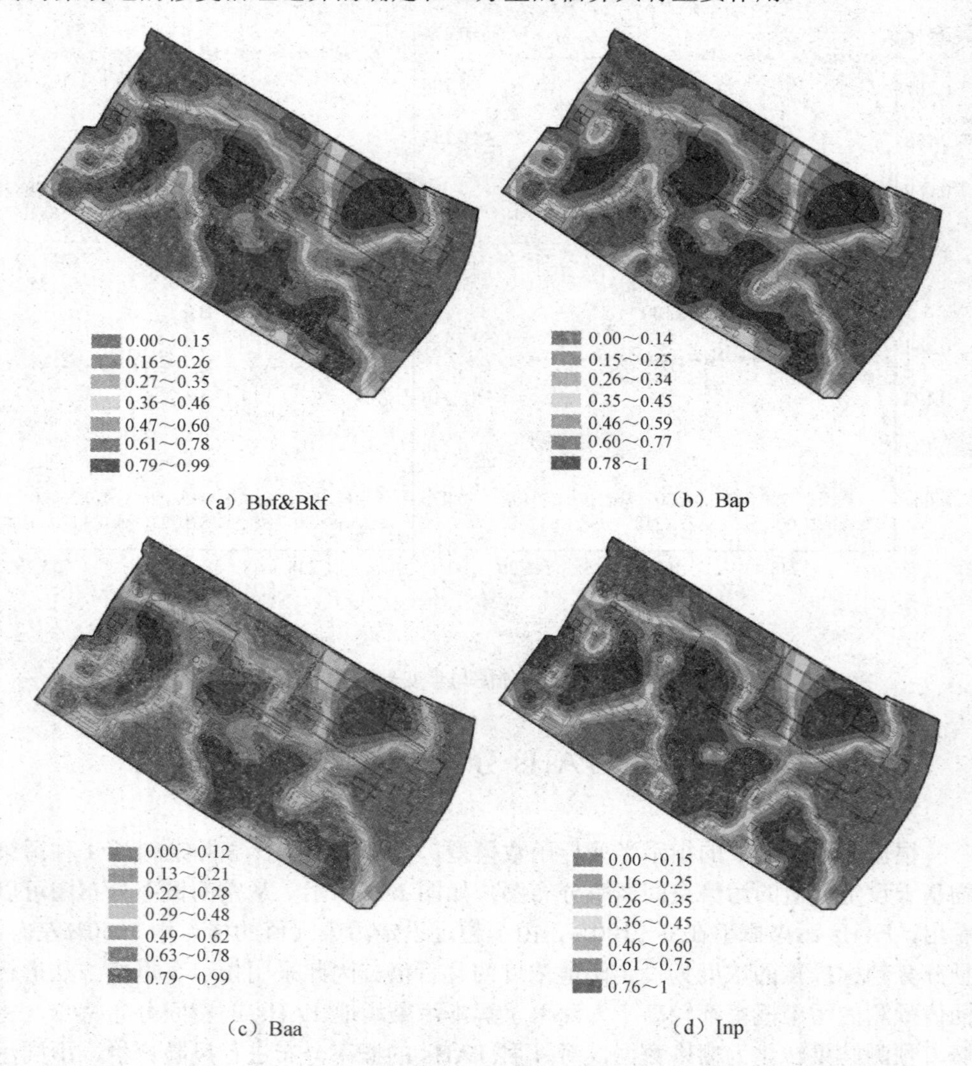

（a）Bbf&Bkf　（b）Bap

（c）Baa　（d）Inp

图 6-2　PAHs 的空间概率分布

表 6-1　PAHs 不同污染概率及污染面积占总面积的分数

Bbf&Bkf		Baa		Bap		Inp	
污染概率/%	占总面积/%	污染概率/%	占总面积/%	污染概率/%	占总面积/%	污染概率/%	占总面积/%
0～15	19.39	0～12	18.73	0～14	20.33	0～15	19.32
16～26	10.37	13～21	11.00	15～25	10.21	16～25	12.11
27～35	12.49	22～28	12.20	26～34	11.24	26～35	10.66
36～46	15.33	29～48	14.26	35～45	13.69	36～45	14.66
47～60	15.32	49～62	16.10	46～59	16.68	46～60	14.94
61～78	16.18	63～78	15.97	60～77	16.04	61～75	14.16
79～99	10.92	79～99	11.74	78～100	11.81	76～100	14.16

4 种 PAHs 超过各自阈值的污染概率具有相似的规律，概率分布及存在的规律是由多种因素共同作用的结果。从总体上看，概率超过 35%的区域主要分布在厂区的中部以及西北、东南区域，而在西南、东北区域概率<35%；概率超过 35%的区域主要包括污水处理厂、炼焦一分厂、炼焦二分厂、炼焦三分厂、回收一分厂、焦油分厂、煤气精制分厂，其中高概率区域（概率>70%）主要分布在回收一分厂、焦油分厂和煤气精制分厂。焦油分厂的主要作用是从煤焦油中回收大量化工产品，大气排放是其主要污染途径，排放产生的污染物通过扩散对整个场地表层土壤产生污染，另外，由于储存了含 PAHs 的煤化工产品，储罐渗漏、遗撒也会对表层土壤造成污染；回收一分厂和煤气精制分厂是煤气净化生产过程中的两个主要分厂，其主要污染途径是在脱硫、蒸氨及洗苯过程中产生大气污染物以及新、旧鼓风冷凝装置各储槽排气，各种罐、槽、储存设施和地下废水池的渗漏也是该区污染概率过高的原因。中概率区域（45%～70%）主要分布在炼焦分厂和污水处理厂，炼焦分厂主要污染源为焦炉烟囱和熄焦塔烟囱向大气排放的废气中所包括的烟尘、焦油、油气，以及在装煤、推焦、炼焦过程中的无组织泄漏；污水处理厂接纳来自整个厂区的废水，酚水池、浓缩池、沉淀池等设施中包括整个厂区内的各类污染物，由设施泄漏以及污泥堆放产生的污染将对表层、深层土壤造成污染。

通过上述分析可以看出，本场地 PAHs 的污染源主要来自各分厂区的大气排放以及存储设施的滴漏等，主要分布于炼焦、煤气净化、焦油化工产品回收等生产工艺的车间中。通过大气可向整个厂区扩散污染，该区夏季以东南风为主，冬季以西北风为主，因此在焦油分厂周边以及西北和东南方向沉降累积的污染物较多，导致超标污染概率高，与概率预测结果相一致。

指示克里格法通过对样点数据的指示转换，可以部分降低对极大值的平滑作用，比普通克里格法具有一定的优势，但由于样点的不均匀分布及个别高值样点的孤立存在，在实际预测过程中，不同污染概率阈值下，也会产生部分高值点被低估，而部分浓度低值点被高估的现象。以图 6-2（c）中 Baa 概率预测结果为例，场地中部及西南区域超标样点较为集中，预测的污染概率也较高，但是在南部有个别孤立的高值样点，插值计算后的污染概率较低，同样，在西北部个别未超标样点经插值计算后的污染概率偏高。在条件允许时，可以在高值点等重点区域及预测概率和实际样点浓度差异较大区域补充采样，通过增加样点数量来进一步提高概率预测和污染评价的精度。

从本研究的数据分析及插值计算结果来看，采用指示克里格方法可以获取较为稳健的指示半变异函数，进行指示克里格插值计算。分析拟合后指示半变异函数的各项参数可以看出，4 种 PAHs 都存在一定的块金值，它是由样品检测误差和空间变异任意一方或两方共同作用引起的，目前样品检测的精度可以达到 ppb 级（10^{-9}），故可忽略其影响。由于研究区域较大，采样密度不高，样点数据不能很好体现区域内空间变异，因此产生块金值的主要因素是空间变异。通过数据统计分析的变异系数也可以看出，数据具有较大的空间变异性与离散性。

从概率分布预测结果图可以看出，4 种 PAHs 分布具有相似的规律，污染概率超过 50%的区域主要分布在场区中部以及西北、东南区域，场区内大气排放以及储存设施的滴漏是可能造成上述区域污染严重的主要原因。

采用非参数地统计学中指示克里格方法，对大型焦化企业污染场地中 PAHs 空间分布及分异性特征进行了研究，对采样点数据进行指示转换后，拟合最佳半变异函数，在设定的阈值基础上，进行预测计算并绘制污染概率分布图。将分布图转为栅格数据后，对分级概率的污染面积和位置进行统计和确定，对污染场地后续的修复工作具有重要指导意义。

通过预测计算及污染概率制图，获取了场地中 PAHs 污染概率分布和各概率区间的污染分布面积，容易确定目标场地中受污染的重点区域，4 种 PAHs 的采样超标样点均在 50%左右。从污染概率图整体来看，整个场地受 PAHs 污染较为严重，污染概率超过 50%的区域重点分布在厂区中部及西北和东南区域，概率小于 35%的区域主要分布在厂区西南和东北区域。将采样点和原厂区生产平面布置图叠加分析可以看出，预测结果与厂区的工艺生产布局和污染源产生原因相一致。

科学准确地获取污染场地污染物空间分布信息对污染场地的风险评估、修复治理具有重要意义，基于指示克里格方法，可获取稳健的指示半变异函数，可以有效规避场地样点数据由部分异常高值点产生的数据分布特征的影响，对污染场地 PAHs 进行空间分布概率预测，取得了较好的效果，对准确描述污染物空间分布和修复范围的确定具有一定的指导作用，为大型工业污染场地有机污染物空间分布预测提供了一种新的手段。

第7章

场地土壤中PAHs空间分布范围预测的不确定性分析

近年来，污染场地引起的危害事件和带来的环境污染问题已引起广泛关注。基于风险的污染场地管理和修复治理工作已显得极为迫切和重要。与发达国家相比，目前我国对污染场地环境风险管理还缺少完善的法律和管理体系，在理论基础和技术储备方面尚待完善。污染场地中污染物空间分布确定是污染场地环境调查和风险评估等相关工作的基础，对修复范围的确定、修复土方量的估算以及修复治理成本具有直接影响。在大的工业污染场地中，土壤具有高度的空间异质性和空间分布的不连续性（王学锋，1993），污染物的分布受历史生产布局、存放、管理等因素影响，空间差异性更大。目前，对于大面积场地污染物空间连续性的真实分布还没有能够直接获取分布范围的方法，常基于土壤采样点数据采用确定性插值模型或地统计学模型来进行预测计算其空间分布。空间插值模型在土壤污染预测和评价制图工作中虽已得到了广泛的应用（阳文锐等，2007），但每种插值方法都有其一定的应用范围，确定性插值模型如反距离加权、样条函数、趋势面分析等，在空间分布预测计算中不考虑空间结构信息和相关性；地统计学方法由于能够提供最佳无偏估计且考虑样本空间结构信息，被广泛地应用于土壤污染的空间分布预测，但在预测过程中对高值部分存在一定的平滑效应。

基于采样样点数据进行空间插值在界定污染物范围和污染程度上都存在着一定的不确定性（吴春发等，2009；Juang et al.，2005），空间插值精度取决于模型对要素空间变异性和相关性的反映。从预测模型的确立、模型参数的选择及不同的数据预处理手段，不确定性因素贯穿于整个污染范围空间分布预测过程当中，直接影响土壤污染范围结果界定的可靠性。因此，在实际应用过程中，并没有通用的插值方法（Zhang et al.，2009；Emery et al.，2008）。针对同一研究对象和目的，不同的插值方法以及同一插值方法中不同参数的设置、插值预测的结果以及插值精度都容易导致预测结果的不确定性。

在污染场地的环境调查和修复治理过程中，重点关注的是高风险污染区，即局部污染严重的区域，受污染物累积释放因素的影响，局部重污染区域的样点含量多为异常真实高值点，因此，对这些异常真实高值点及其周边区域土壤污染物分布预测的精度是评价所选择空间插值模型优劣的重要标准。在通常的空间插值模型精度评价中，一般采用交叉验证的方法对总体期望插值精度或样点含量的插值精度进行评价，侧重于对总体期望插值精度的评价，并不能反映插值区域，尤其是重度污染区域的精度。不同的插值模型受其插值算法的影响，插值后的结果都有一定的平滑效应，对低值区域过高估计或者对高值区域过低估计。轻度污染的区域不是场地环境调查的重点，但是对局部重度污染区域污染细节信息的平滑效应会对污染调查的结果产生一定的误差和不确定性。污染空间分布预测结果的不确定性分析有助于选择最优的空间分布预测模型，提高污染范围界定的精度，根据污染空间分布预测结果不确定性在空间上的分布规律，可以为后续的补充采样、修复治理方案的制定提供科学的参考。

通过前面描述性统计分析和热点区识别等章节内容可知，本场地的污染样点含量数据严重偏斜，在使用地统计学模型进行预测时，要对数据进行正态变换。本研究首先选择目标场地中数据统计特征偏斜严重的 Bbf 为对象，研究 3 种数据正态变换方法对地统计学模型插值结果的影响，揭示最优正态变换方法。为进一步研究不同插值模型对预测结果的不确定性影响，选取毒性大且最具代表性的特征污染物 Bap，参考北京市污染场地土壤筛选值标准所确定的 Bap 值 0.4 mg/kg，应用反距离加权模型、数据正态变换+普通克里格模型以及分块组合预测模型来比较污染范围界定的差异，分析不确定性产生的原因以及预测的污染不确定区域，为后续的污染场地风险评估和修复治理等工作提供科学的指导。

7.1 研究方法

根据场地的样本量及样本数据统计特征，选择 3 种典型的插值模型进行空间分布预测的不确定性分析。

7.1.1 数据正态变换方法

1. Box-Cox 正态变换方法

Box-Cox 正态变换方法由 Box 和 Cox 于 1964 年提出，定义的公式如下（Box et al.，1964）：

$$Y=\begin{cases}\dfrac{X^{\lambda}-1}{\lambda},\lambda\neq 0\\ \ln X,\lambda=0\end{cases} \tag{7-1}$$

式中，X 为原始数据；Y 为正态变换后的数据值；λ 为可变参数，它决定具体的变换形式。

参数 λ 可以通过最大似然法估计（Jobson et al.，1991）。当 λ 取值分别为 0、1/2 和−1 时，Box-Cox 正态变换就分别对应为对数变换、平分根变换及倒数变换。

2. Johnson 正态变换方法

本书选择对数据严重偏斜转换效果较好的 Johnson 分布系统来进行正态分布变换（陈道贵等，2009）。Johnson 转换方法是由 Johnson 设计的分布体系，包含由变换产生的三族分布，能够容易地将非正态分布数据转换为正态分布，三族分布分别表示为 SB、SL 及 SU。三族分布的参数约束、取值范围等见表 7-1。

表 7-1　Johnson 三族分布曲线

Johnson 系统	Johnson 曲线	正态变换	参数约束	X 约束
SB	$k_1=\ln\left(\dfrac{x_i-\varepsilon}{\lambda+\varepsilon-x_i}\right)$	$y_i=\gamma+\eta\ln\left(\dfrac{x_i-\varepsilon}{\lambda+\varepsilon-x_i}\right)$	η、$\lambda>0,-\infty<\gamma,\varepsilon<\infty$	$\varepsilon<x_i<(\varepsilon+\lambda)$
SL	$k_2=\ln(x_i-\varepsilon)$	$y_i=\gamma+\eta\ln(x_i-\varepsilon)$	$\eta>0,-\infty<\gamma,\varepsilon<\infty$	$\varepsilon<x_i$
SU	$k_3=\operatorname{ar\,sinh}\left(\dfrac{x_i-\varepsilon}{\lambda}\right)$	$y_i=\gamma+\eta\operatorname{ar\,sinh}\left(\dfrac{x_i-\varepsilon}{\lambda}\right)$	η、$\lambda>0,-\infty<\gamma,\varepsilon<\infty$	$-\infty<x_i<\varepsilon<\infty$

注：$\operatorname{ar\,sinh}\mu=\ln\left[\mu+(\mu^2+1)^{\frac{1}{2}}\right]$，$\mu=\dfrac{x_i-\varepsilon}{\lambda}$。

3. Normal Score 正态变换方法

Normal Score 正态变换的原理是将原始数据按从低到高进行排序，并对这些排序进行匹配。其转换过程为，首先将数据进行排序，对每个排序的数据确定一个标准的正态分布等级，根据划分的等级次序来计算原数据集中每个样本的累积分布概率，然后计算标准正态分布累积概率时的函数值，即为该样本的正态划分值。Normal Score 正态变换后运用普通克里格法进行插值计算，$z^*(u)=F^{-1}\left\{G\left[y^*(u)\right]\right\}$，$y^*(u)$ 为逆变换后的原始数据单位，$F(z)$是原始数据的累积分布函数。

7.1.2　插值模型

1. 反距离加权模型

污染土壤空间分布预测中常用确定性插值模型中的反距离加权插值方法，该方法是常用的空间内插方法之一，它是以插值点与邻近样点间的距离为权重的一种加权平均方法。其主要理论基础为，待插值点 z 的值为其邻近范围内所有变量点的距离加权平均值，当存在向异性特征时，在计算中还要分析在方向上的权重。

距离倒数加权权重 λ_i 的计算公式为

$$\lambda_i = \frac{[d(x_0, x_i)]^{-\alpha}}{\sum_{i=1}^{m}[d(x_0, x_i)]^{-\alpha}}, \quad i=1,2,\cdots,m;\alpha>0 \tag{7-2}$$

式中，d 为预测点与已知样点之间的距离；幂指数 α 的数值越小，距离权重越趋近于取平均值；幂指数 α 的数值越大，离插值点越近的样点赋予的权重值越大，离插值点越远的样点赋予的权重值越小。也可采用下列公式确定 λ_i：

$$\lambda_i = \begin{cases} 1, d = (x, x_i) = \min\left[d(x, x_1), d(x, x_2), \cdots, d(x, x_n)\right] \\ 0, \text{否则} \end{cases} \tag{7-3}$$

该方法对均匀布点和变化不大的样点数据可取得较好的预测结果。

2. 普通克里格模型

基于正态变换后的数据采用普通克里格插值模型进行预测。普通克里格插值模型是以变异函数理论和结构分析为基础，在有限区域内对区域化变量进行无偏最优估计的一种插值方法，其主要的理论基础如下。

（1）区域化变量

用空间位置上的分布来表达某个地学现象的变量称为区域化变量，用来分析区域化变量的特征或者规律。在进行采样观测后，可将其表示为一个空间点函数：

$$Z(x) = Z(x_u, x_v, x_w) \tag{7-4}$$

式中，x_u, x_v, x_w 为三维直角坐标系中的三轴。

（2）平稳假设

克里格插值模型能够对变量进行无偏最优估计，无偏表示偏差为 0，要服从二阶平稳和本征假设。

1）二阶平稳。当区域化变量 $Z(x)$ 满足下列两个条件时，称为二阶平稳或弱平稳，在目标区域内存在 $Z(x)$ 的数学期望，即

$$E\left[Z(x)\right] = E\left[Z(x+h)\right] = m \tag{7-5}$$

在目标区域内，$Z(x)$ 的协方差函数存在且有平稳特征，即只与滞后 h 有关，而与 x 无关：

$$\begin{aligned} &\mathrm{Cov}\left\{Z(x), Z(x+h)\right\} \\ &= E\left[Z(x), Z(x+h)\right] - E\left[Z(x)\right]E\left[Z(x+h)\right] \\ &= E\left[Z(x), Z(x+h)\right] - m^2 \\ &= C(h) \end{aligned} \tag{7-6}$$

2）本征假设。本征假设是指比二阶平稳假设更弱的平稳假设，当研究变量

$Z(x)$ 的增量 $Z(x)-Z(x+h)$ 满足下列两个条件时，称为满足本征假设，在目标研究区域内有

$$E\left[Z(x)-Z(x+h)\right]=0 \tag{7-7}$$

增量 $Z(x)-Z(x+h)$ 的方差函数存在且平稳：

$$\begin{aligned}&\operatorname{Var}\left[Z(x)-Z(x+h)\right]\\&=E\left[Z(x)-Z(x+h)\right]^2-\left\{E\left[Z(x)-Z(x+h)\right]\right\}^2\\&=E\left[Z(x)-Z(x+h)\right]^2\\&=2\gamma(x,h)\\&=2\gamma(h)\end{aligned} \tag{7-8}$$

3）变异函数。在二阶平稳假设条件下，有变异函数

$$\begin{aligned}\gamma(x,h)&=\frac{1}{2}\operatorname{Var}\left[Z(x)-Z(x+h)\right]\\&=\frac{1}{2}E\left[Z(x)-Z(x+h)\right]^2-\left\{E\left[Z(x)\right]-E\left[Z(x+h)\right]\right\}^2\\&=\frac{1}{2}E\left[Z(x)-Z(x+h)\right]^2\end{aligned} \tag{7-9}$$

由式（7-9）能够得出，变异函数依赖于自变量 x 和 h，当变异函数 $\gamma(x,h)$ 仅依赖于距离 h 而与位置 x 无关时，$\gamma(x,h)$ 可改写为 $\gamma(h)$，即

$$\gamma(h)=\frac{1}{2}E\left[Z(x)-Z(x+h)\right]^2 \tag{7-10}$$

具体表示为

$$\gamma(h)=\frac{1}{2N(h)}\sum_{i=1}^{N(h)}\left[Z(x_i)-Z(x_i+h)\right]^2 \tag{7-11}$$

当变异函数确定后，执行克里格系统就只是一个计算过程。变异函数的理论模型主要有以下 3 个。

球状模型：

$$\gamma(h)=c\cdot\operatorname{Sph}\left(\frac{h}{a}\right)=\begin{cases}0,\ h=0\\c\cdot\left[\dfrac{3h}{2a}-\dfrac{1}{2}\left(\dfrac{h}{a}\right)^3\right],\ h\leqslant a\\c,h\geqslant a\end{cases} \tag{7-12}$$

指数模型：

$$\gamma(h)=c\cdot\operatorname{Exp}\left(\frac{h}{a}\right)=c\cdot\left[1-\exp\left(-\frac{3h}{a}\right)\right] \tag{7-13}$$

高斯模型：

$$\gamma(h)=c\cdot\left[1-\exp\left(-\frac{(3h)^2}{a^2}\right)\right] \tag{7-14}$$

将原始样点含量数据进行 Johnson 正态分布变换后，采用克里格模型插值计算，插值后的栅格图根据数据转换的逆变换公式回推，将插值结果转换到原始数据。

3. 组合预测模型

原始样点数据含有少量异常高值点，仅反映其局部极小区域的特征和高度变异性，因此，将原始数据拆分为反映局部特征的高值点和反映整体特征的其余样点，采用平均值加 4 倍标准差法来确定高值点。在反映整体特征的其余样点数据集中，这些高值点用中值代替。拆分后不含高值点的样本数据符合对数正态分布，在对数正态变换后，采用普通克里格模型进行预测；对于高值点部分，采用能够最大限度表达局部变异特征的三角网格插值模型，对高值点部分进行插值计算。三角网格插值模型的结果只对局部最邻近区域产生影响，对非高值点存在的区域不产生影响。根据点输入要素来创建泰森多边形，首先利用所有原始样点来创建泰森多边形，这样能够有效缩小高值点的影响范围，然后将高值点所在的多边形单独筛选出来。每个泰森多边形只包含一个点输入要素，泰森多边形中的任何位置距其关联点的距离都比到任何其他点输入要素的距离近。创建泰森多边形的理论背景如下：①S 是坐标或欧式空间（x,y）中点的集合，对于该空间中的任意点 p，S 中有一个与 p 相距最近的点，除非点 p 与 S 中的两个或多个点的距离相等；②由到 S 中的单个点的距离最近的所有点 p 定义单个邻近多边形（Voronoi 像元），即所有点 p 到 S 中的给定点的距离比到 S 中的任何其他点的距离都近的全部区域。按照以下步骤构造泰森邻近多边形：①在所有点中划分出符合 Delaunay 准则的不规则三角网（TIN）；②三角形各边的垂直平分线即可形成泰森多边形的边，各平分线的交点决定泰森多边形折点的位置。通过上述方法对高值点部分通过三角网格来进行插值，并确定三角网的边界。

在识别异常真实高值的基础上，将原始数据进行拆分，分别运用对数-克里格模型和三角网格插值模型，最后将两部分插值结果叠加在一起，形成研究区的空间分布最终预测结果。

7.1.3 插值精度评价方法

选择样点数据统计特征具有代表性的 Bap 为研究对象，来比较上述各种插值模型的预测结果，插值精度采用交叉验证法来评价，选择常用的平均误差（ME）和均方根误差（RMSE）作为误差统计指标，ME 越接近于 0，RMSE 值越小，插值精度就越高。

$$\mathrm{ME}=\frac{1}{n}\sum_{i=1}^{n}\left[u(x_i)-u^*(x_i)\right] \tag{7-15}$$

$$\mathrm{RMSE}=\sqrt{\frac{1}{n}\sum_{i=1}^{n}\left[u(x_i)-u^*(x_i)\right]^2} \tag{7-16}$$

式中，$u(x_i)$ 为预测值；$u^*(x_i)$ 为原始样点值。

7.2　正态变换方法对普通克里格模型预测结果的不确定性影响

7.2.1　数据基本统计特征分析

选择数据统计具有高偏倚性的 Bbf 为对象，研究不同数据正态变换方法对普通克里格模型预测结果的不确定性影响。Bbf 样点含量数据的基本统计特征见表 7-2。样点含量数据的最小值为 0.01mg/kg，最大值为 470mg/kg，约 49%的样点含量数据超过北京市污染场地土壤筛选值所规定的标准 0.6mg/kg，约 94%的样点含量值集中在 0.01～8.42mg/kg，剩余其他几个高值点的含量分别为 109mg/kg、115mg/kg、131mg/kg、147mg/kg、257mg/kg、264mg/kg、470mg/kg。Bbf 采样点位置及样点含量分级如图 7-1 所示，从图 7-1 可以明显看出，在场地的中下部有明显的高值样点含量存在，这些高值样点导致样点含量数据集严重偏斜。从统计特征可以看出，数据集有较大的变异系数，变异系数值为 3.98，偏度为 5.54，采样点在场地内有很强的离散性和空间变异性。样点含量数据的频率分布直方图如图 7-2 所示。从图 7-2 可以看出，原始样点含量数据不符合正态分布或对数正态分布特征，不能通过 K-S 正态分布检验，存在右偏尾现象。在对其进行克里格模型插值之前，要进行数据的正态分布转换，使其符合正态分布特征，并降低数据集的偏倚性。

表 7-2　Bbf 基本统计特征分析　　单位：mg/kg

污染物	最小值	最大值	均值	中值	偏度	峰度	变异系数	标准差	K-S 检验
Bbf	0.01	470.00	14.99	0.38	5.54	34.79	3.98	59.62	非正态分布

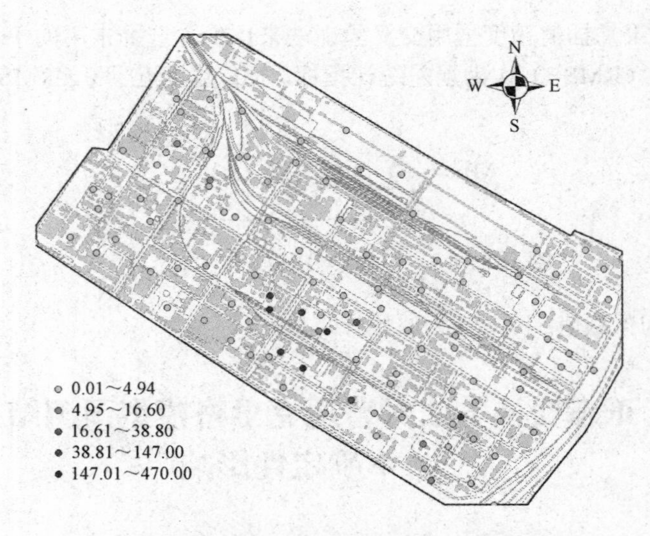

图 7-1　采样点位置与样点含量分级（单位：mg/kg）

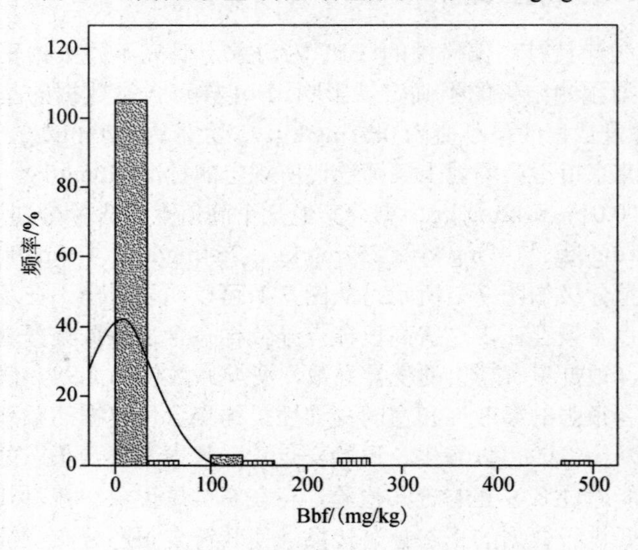

图 7-2　样点含量数据的频率分布直方图

本研究采用 Normal Score、Johnson 和 Box-Cox 3 种数据正态变换方法，对原始样点含量数据进行正态转换。3 种正态分布变换方法都能够降低原始数据的偏倚性，能够通过 K-S 正态分布检验（$P>0.05$）。正态变换后的数据都符合正态分布或者近似正态分布，变换后的 K-S 检验结果见表 7-3。

表 7-3　数据正态变换后的 K-S 检验结果

正态变换方法	偏度	峰度	P	K-S 检验
Johnson	−0.068	0.335	>0.05	正态分布
Box-Cox	−0.293	−0.61	>0.05	正态分布
Normal Score	0.72	0.10	>0.05	正态分布

7.2.2　最优理论半变异函数拟合

对原始数据分别进行正态分布变换，然后进行半变异函数的拟合，从半方差图（图 7-3 右侧）可以看出，对转换后数据的半变异函数拟合显示出较强的空间相关性。转换后的数据能够拟合出较为稳健的半变异函数，具有较低的块金值和基台值。拟合后的半变异函数如图 7-3 所示，3 组半变异函数都符合指数模型，具有中等的块金值和基台值比例，比值分别为 49.89%、49.97%、48.75%，比值<25%表明具有很弱的空间相关性，比值>75%表明具有很强的空间相关性，而比值在 25%～75%表明具有中等的空间相关性，因此，数据正态变换后拟合的半变异函数显示具有中等的空间相关性。

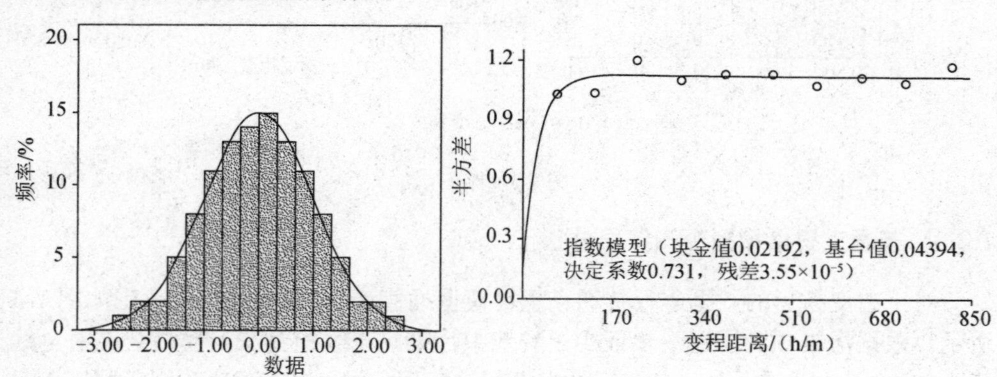

（a）Normal Score正态变换方法

图 7-3　数据经正态变换后频率分布直方图及分别对应的半变异函数

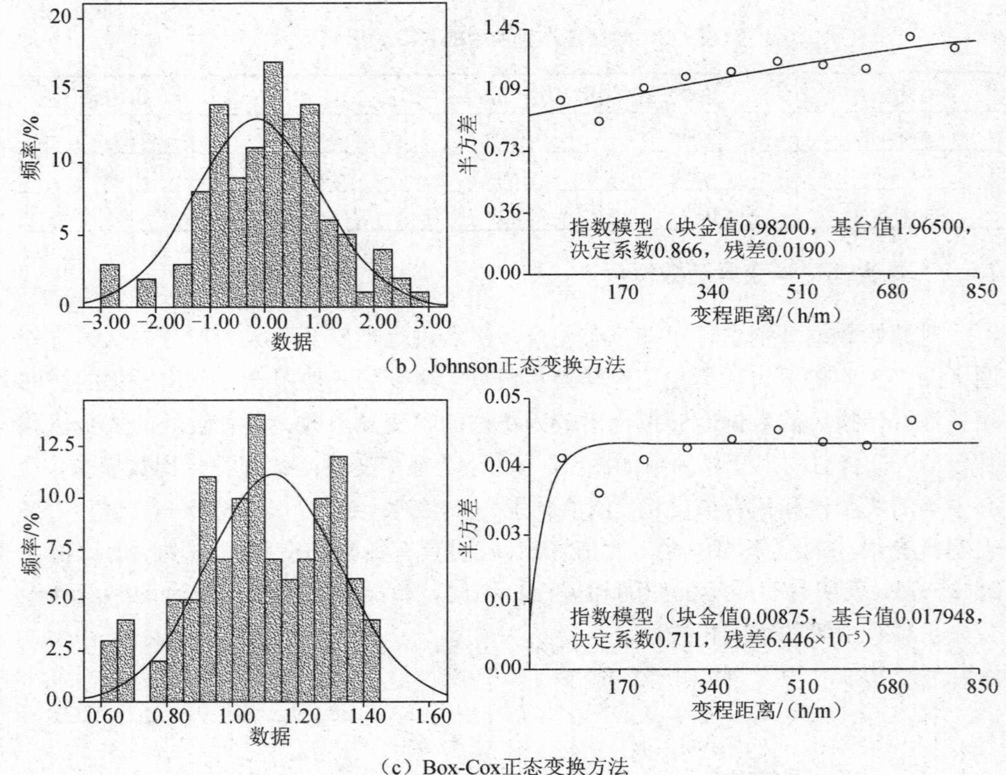

（b）Johnson正态变换方法

（c）Box-Cox正态变换方法

图 7-3（续）

7.2.3 普通克里格模型预测结果分析

对正态变换后的数据进行普通克里格模型插值计算，预测的污染范围如图 7-4 所示。根据污染预测图进一步证实了场地中污染热点区的存在，预测结果中含量值>90mg/kg 的区域主要分布在厂区中下部的炼焦车间、煤气净化车间等区域，上述车间产生的污染物是场地污染的主要原因，在生产过程中污染物的泄漏、遗撒等人为干扰因素造成了局部的严重污染。参照北京市污染场地筛选值 Bbf 的临界值标准，规定大于 0.6mg/kg 为污染范围。从预测的污染范围分布图可以看出，3 种预测模型预测的污染范围总体上具有一致性。污染范围主要分布在炼焦分厂、煤气精制分厂及焦油分厂，位于厂区的中下部、西北、东南等区域。预测的小于 0.6mg/kg 的污染范围主要位于厂区西南和东北区域的选煤等车间内。该场地的 PAHs 污染主要通过气体扩散产生，该区域夏季以东南风向为主，冬季以西北风向为主，因此在场地主要产生污染源的中下部车间区域以及西北、东南区域污染较为严重。

虽然 3 种模型预测的污染结果总体上具有相似性，但基于规定的临界值标准计算出的污染范围差异较大。图 7-4（a）～（c）中计算出来的污染范围占场地总面积的比例分别为 43%、37%和 47%。不同数据处理方法以及模型所适用的范围导致预测结果存在一定的不确定性。将污染预测结果图叠加到样点含量位置分布图可以看出，在图 7-4（a）～（c）中分别有 4 个、9 个和 6 个污染超标样点不在预测的污染范围之内，另外图 7-4（a）～（c）中分别有 8 个、6 个和 5 个未超标样点分布在预测的污染范围之内。

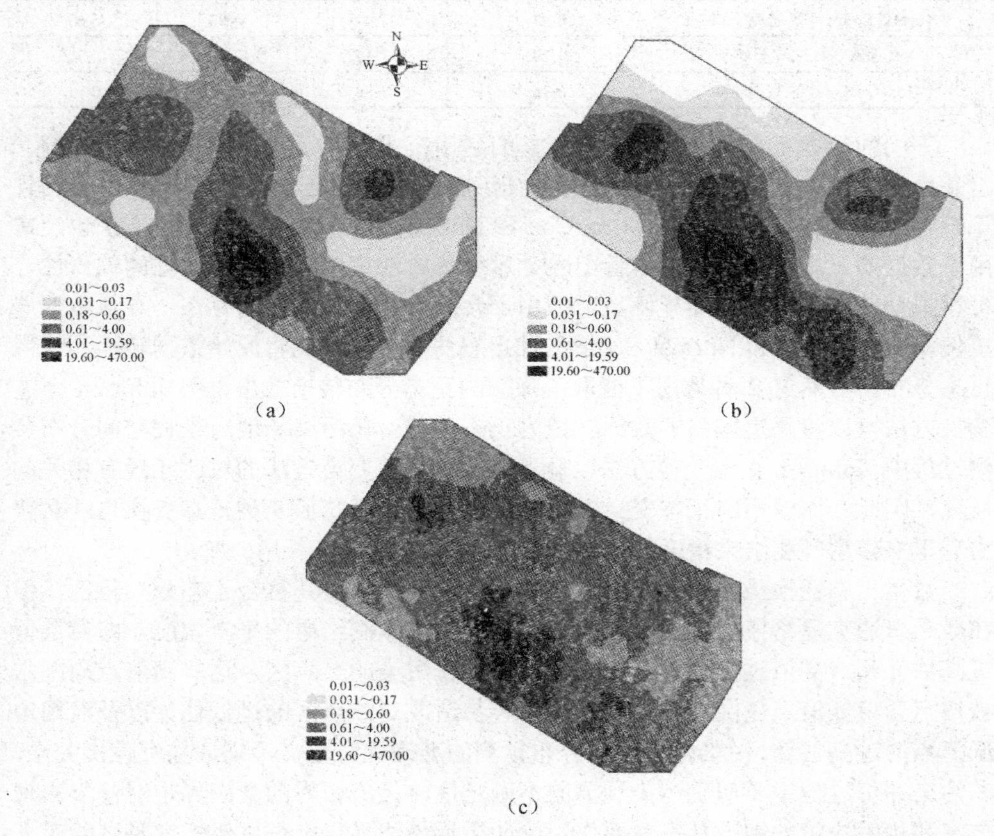

图 7-4　不同正态变换模型对 Bbf 含量（单位：mg/kg）污染预测结果分布图

不同插值模型预测结果的交叉验证结果见表 7-4。交叉验证结果表明，Johnson—普通克里格具有最小的 RMSE 和 ME，Box-Cox—普通克里格模型具有最大的

RMSE，Box-Cox—普通克里格具有最大的 ME，因此可以看出 Johnson—普通克里格模型取得了最高的预测精度。交叉验证结果中的平均标准误差（ASE）和标准化均方根误差（RMSSE）的值对于 3 种预测模型具有相似性，3 种预测模型的 ASE 值都接近于 1，RMSSE 值都小于 1，表明 3 种预测模型对变量值都有过高的估计。通过交叉验证结果可以得出，Johnson—普通克里格模型在 3 种预测模型中取得了最高的预测精度，预测的污染范围也最能反映实际污染情况。

表 7-4　不同插值模型预测结果的交叉验证结果

预测模型	ME	RMSE	ASE	RMSSE
Normal Score—普通克里格	0.27	1.44	0.92	0.67
Johnson—普通克里格	0.19	1.17	0.96	0.78
Box-Cox—普通克里格	0.36	1.86	0.94	0.71

不同的数据正态变换方法都有各自的适用范围。对于一般非正态分布数据，常采用对数正态变换方法，本书中的特征污染物 Bbf 样点含量统计特征严重偏斜，不符合正态分布变换的要求。Box-Cox 和 Normal Score 2 种正态变换方法也经常用于数据的正态分布变换，尽管上述 2 种变换方法可以降低原始数据的偏倚性，可以拟合较为稳健的半变异函数，但由于含量数据中高点值的存在，导致数据严重偏斜，Box-Cox 和 Normal Score 2 种正态变换方法只能将原始数据转换为近似正态分布。虽然这 2 种方法不能取得理想的正态分布转换效果，但 Johnson 正态变换方法可以将严重偏斜的数据转换为正态分布。在污染场地污染物空间分布预测过程中，Johnson 正态变换方法以及上述 2 种正态变换方法的对比还没有相关的研究，因此为比较不同正态变换方法的效果，对比研究了 3 种正态变换方法对普通克里格模型预测结果精度的影响。

数据正态变换虽然可以降低原始数据的偏倚性，使其符合正态分布特征，但在应用普通克里格模型进行预测时，同样会产生预测结果的平滑效应，即对低值过高估计和对高值过低估计。由于场地中存在污染的热点区，这些高值点周围常被样点含量低值点包围，在预测过程中容易造成对热点区的过低估计以及对周边低值点的过高估计。污染范围空间分布预测的准确性对定义污染边界有直接关系，在污染评价过程中要明确污染预测的不确定性。污染边界的准确界定对修复治理方案和相关决策的制定具有重要作用，如果污染边界界定得过大，容易消除对人类健康的风险，但却增加了修复成本。如果污染边界界定得过小，可降低修复成本，但并不能完全保证消除对人类健康的风险。

7.3　不同插值模型预测结果的不确定性分析

7.2 节研究结果表明，不同的正态变换方法对于预测结果具有一定的不确定性，其中，Johnson 正态变换方法取得了最优的效果。为进一步研究插值模型对预测结果的不确定性影响，选取毒性大且最具代表性的特征污染物 Bap，参考北京市污染场地土壤筛选值标准所确定的 Bap 值 0.4mg/kg，应用反距离加权模型、Johnson 正态变换+普通克里格模型以及分块组合预测模型来比较污染范围界定的差异，分析不确定性产生的原因以及预测的污染不确定区域。

应用普通克里格法和对数克里格法前，需要对待插值数据进行半变异函数的拟合，拟合后的半方差图及各项参数分别如图 7-5（a）和（b）所示。从图 7-5 可以看出，两种数据变换方法计算所得到的半方差图都符合指数模型，块金值与基台值的比例分别为 44.23%和 10.77%，说明通过前一种数据变换后，系统具有中等的空间相关性，而后一种变换则具有较强的空间相关性；变程分别为 131.00m 与 54.00m，表明在同一观测尺度下，前者的空间相关性作用范围比后者要大。拟合的决定系数分别为 0.950 和 0.675，表明两种数据变换后拟合的半变异函数都能取得稳健的效果，具有较好的空间相关性，能够满足普通克里格法和对数克里格法插值的要求。

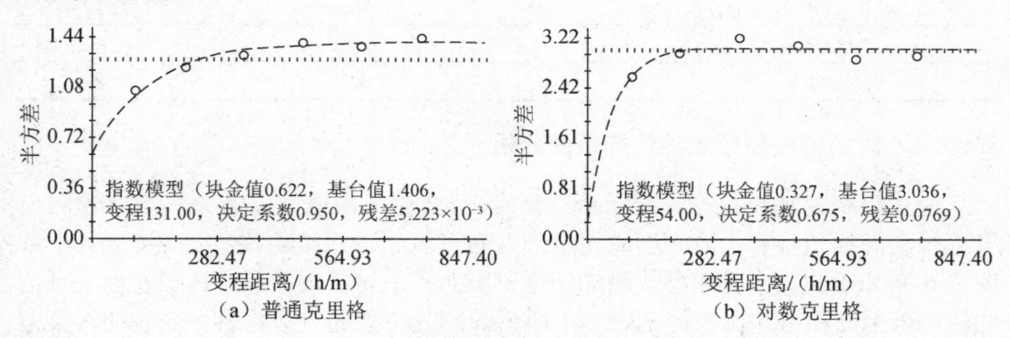

（a）普通克里格　　（b）对数克里格

图 7-5　半方差图与半变异函数拟合模型

7.3.1　不同插值模型对均值、极大值和极小值的预测精度

不同插值模型对 Bap 插值预测结果的均值、最大值和最小值统计结果见表 7-5。从统计结果可以看出，不同模型预测后的平均值与实测值较为接近，误差最大的是反距离加权模型，预测结果为 6.70mg/kg，误差为 8.2%；最为接近的是分块组合预测模型，比实测值小 0.36mg/kg。预测后的最小值与实测值的误差都

比较大，实测最小值为0.01mg/kg，由于场地中个别样点中含有Bap，有检出现象，但含量并不高，因此最小值较低；而Johnson变换+普通克里格模型预测的最小值为0.045mg/kg，是实测值的450%；分块组合预测模型预测结果的最小值也达到实测值的280%，其主要原因为实测最小值较低，使用不同的预测模型对其进行预测都会有平滑效应，受周围高值的影响，对低值有过高的估计。3种预测模型对最大值的预测结果也有较大差异，3种预测模型对最大值的预测结果都比实测值低，最低的是Johnson变换+普通克里格模型，比实测值小34.48mg/kg；预测的最大值与实测值最为接近的是分块组合预测模型，比实测值小10.74mg/kg。由于原始数据集严重偏斜，虽然对含量数据进行了Johnson正态变换，但变换后的数据集采用普通克里格模型预测时同样产生了很大的平滑效应，对高值部分有较低的估计。同样，反距离加权模型也受数据集统计特征和样点分布状况的影响，对最大值的预测结果与实测值有较大的误差。分块组合预测模型由于对原始数据集进行了拆分，即对异常真实高值和剔除异常真实高值后的数据集分别进行预测，部分降低了对最大值的平滑效应，预测的最大值与实测值较为接近。

表7-5　不同插值模型对均值、最大值和最小值的统计结果　　单位：mg/kg

插值模型	平均值	最小值	最大值
反距离加权模型	6.70	0.036	143.20
Johnson变换+普通克里格模型	6.85	0.045	137.52
分块组合预测模型	6.94	0.028	161.26
实测值	7.30	0.01	172.00

7.3.2　不同插值模型预测的污染范围分析

使用反距离加权模型、Johnson变换+普通克里格模型以及分块组合预测模型进行空间插值计算，最终形成的空间分布预测土壤污染范围如图7-6所示。从图7-6可以看出，3种模型预测的污染范围面积差异较大，反距离加权模型预测的污染范围面积占总面积的70.15%，Johnson变换+普通克里格模型预测的污染范围面积占总面积的44.78%，分块组合预测模型污染范围面积占总面积的57.06%。

3种模型预测的污染范围虽差异较大，但反映的总体趋势是一致的，污染区主要分布于厂区的中部、西北及东南区域，位于炼焦、煤气净化、焦油化工产品回收等生产工艺的车间中，包括回收一分厂、焦油分厂、煤气精制分厂等。向大气排放以及储罐渗漏、遗撒是主要污染途径，该区夏季以东南风为主，冬季以西北风为主，因此在主要污染车间周边以及西北和东南方向沉降累积的污染物较多，上述区域都在界定的污染范围之内。

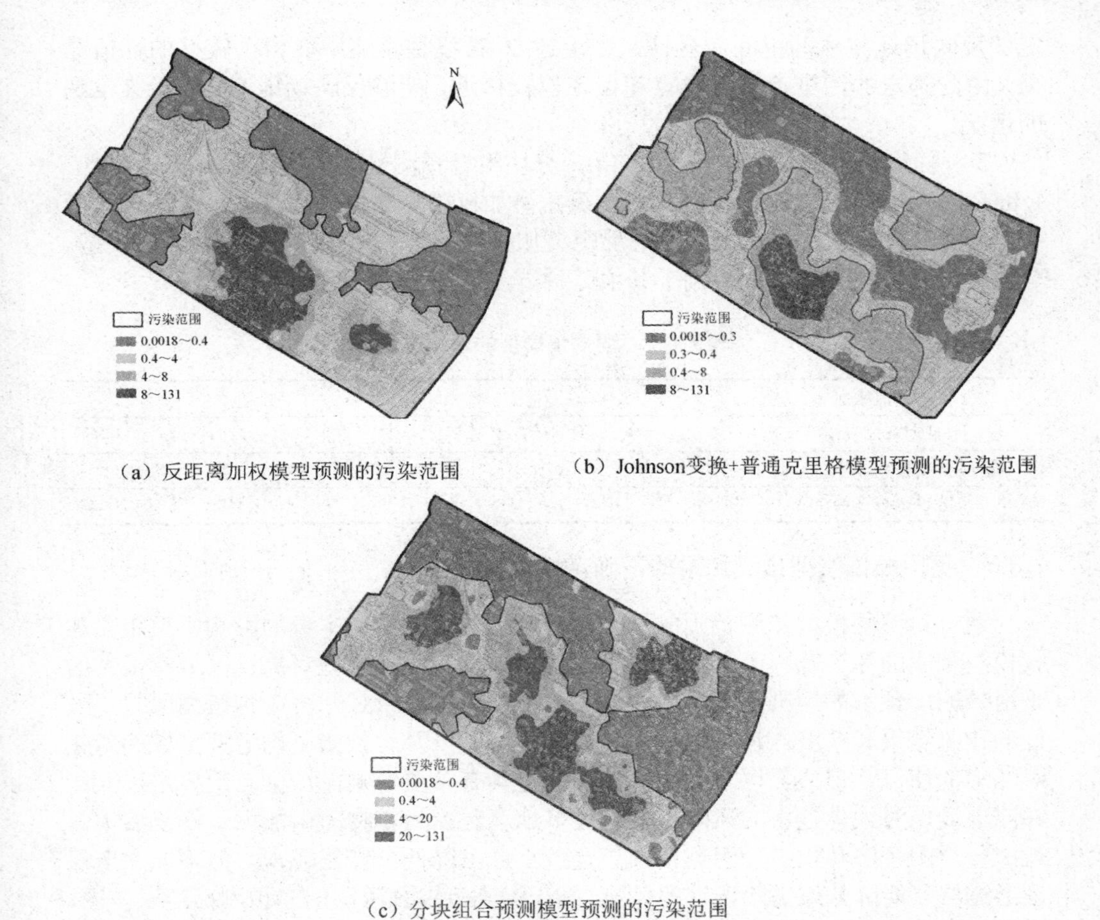

（a）反距离加权模型预测的污染范围

（b）Johnson变换+普通克里格模型预测的污染范围

（c）分块组合预测模型预测的污染范围

图 7-6　不同插值模型形成的空间分布土壤污染范围

分析 3 种预测模型的原理，探究界定预测范围差异较大的原因。反距离加权模型预测结果受样本量分布位置和样点密度的影响，样点数量越多，分布越均匀，插值结果将越准确。本研究在采样过程中，受到场地内建筑物以及部分硬化地面的影响，没有完全按照网格布点采样，并且样点间距较大，高值区虽进行了补充采样，但补充采样密度还难以反映出空间变异的细部特征，因此用反距离加权模型插值确定的污染范围和误差都较大。Johnson 变换虽能使偏斜度较大的数据转成正态分布，符合普通克里格插值的要求，但是在插值结果以及逆变换过程中对高值部分有很大的平滑效应，导致污染范围预测较小。通过数据拆分后的分块组合预测模型，采用三角网格插值高值点部分，仅反映其高值样点边的细部特征，因此部分降低了对高值的平滑效应，去掉高值后的数据集满足对数克里格方法，也能够反映场地整体的空间变异性，在上述 3 种模型预测中取得了较好的插值结果，由此确定的污染范围与样点超标率也较接近，能够反映场地 PAHs 污染范围的情况。

3 种插值模型的预测误差见表 7-6，分块组合预测模型插值结果的 ME 最小，Johnson 变换+普通克里格模型次之，反距离加权模型均值误差最大。所用预测模型的 RMSE 差别也较大，最大的是反距离加权模型，最小的是分块组合预测模型。分块组合预测模型精度明显高于其他 2 种方法。

表 7-6　不同插值模型的预测误差

插值模型	ME	RMSE
反距离加权模型	1.37	14.16
Johnson 变换+普通克里格模型	0.16	1.29
分块组合预测模型	0.03	1.14

7.3.3　不同插值模型预测结果的不确定性分析

通过对不同模型预测范围的结果分析可以看出，受样本量的影响，反距离加权模型预测的污染范围最大；Johnson 变换+普通克里格模型对高值区域有很大的平滑效应，预测的污染范围最小；分块组合预测模型相对上述 2 种模型取得了最好的预测结果和精度。污染范围界定的准确与否以及对预测不确定性区域的量化对场地的修复治理边界以及相关决策的制定具有重要影响，污染范围界定过大能够降低场地对人体危害的风险，但会过多地耗费人力、物力，加大了修复成本，造成一定的经济负担；而污染范围界定过小，虽降低了修复成本，但不能完全保证通过修复能降低或消除场地的风险。基于污染范围预测图创建预测标准误差图，来量化数据拆分后分块组合预测模型对场地污染范围界定的误差，预测标准误差图如图 7-7 所示。可以对所创建表面中每个位置的不确定性进行量化，在预测标准误差表面内，采样点附近位置的误差通常很小，预测标准误差大的区域主要集中在样点较为稀疏的右上位置和有高值点部分的中下部区域。为进一步明确分块组合预测模型预测结果的不确定性，将污染预测图与预测标准误差图转成栅格进行数学计算，将预测值与误差值之差大于 0.4mg/kg 的区域界定为污染区域，将预测值与误差值之差小于 0.4mg/kg 的区域界定为未污染区域，其他为不确定区域，最终结果如图 7-8 所示，不确定区域主要分布在样点稀疏及高值向低值过渡区域。

该焦化企业属于典型的点源污染，受生产车间布局以及管理等相关因素的影响，采样点浓度有极大值存在，局部区域存在较强的变异现象。本研究虽采用了判断加网格的布点原则，但总体来看，样本量及样点密度还应进一步优化，尤其是反映细部特征的局部强变异区域、高值点向低值点过渡的区域以及右上部样点较为稀疏的区域，应进一步加密采样，来减少预测过程中平滑效应的干扰，从而能够准确地界定污染范围。

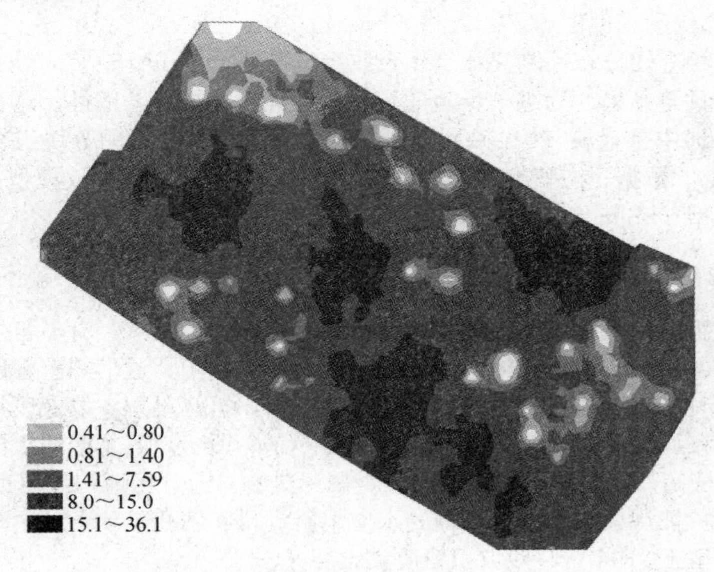

图 7-7　分块组合预测模型预测标准误差图

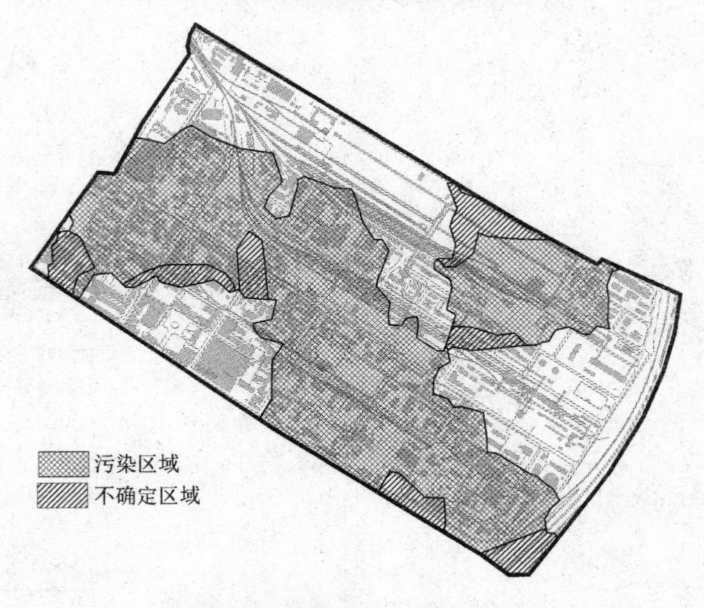

图 7-8　Bap 污染范围的不确定性

7.4 某铅酸蓄电池污染场地 Pb 空间分布预测

上述几种空间分布预测在某焦化企业污染场地土壤 PAHs 空间分布预测中取得了较好的预测结果，为进一步验证具有精度优势模型的普适性，选择某铅酸蓄电池污染场地中重金属 Pb（铅）为研究对象，采用拆分后的分块组合预测模型（OK_{LG}+TIN）、数据正态变换后克里格模型（OK_{BC}）、反距离加权模型（IDW）及样条函数模型（Spline）对其空间分布特征进行研究。

7.4.1 场地特征及样品采集分析

该场地曾经是我国西南地区较大的铅酸蓄电池生产厂家，有多年生产历史，生产产品有各类型铅酸蓄电池，广泛应用于交通、能源、通信等有蓄能要求的领域。原厂区有生产车间、污水处理站、包装车间、机修车间，以及废铅堆放区等功能区域，该厂区平面布置和样点分布图如图 7-9 所示。其生产的主要原材料有铅、锌、硫酸等，在生产过程中涉及重金属污染物。通过场地初步调查，发现 Pb 为该场地的特征污染物。根据场地的水文地质资料和钻孔显示，场区地层为第四系全新统素填土（$Q4^{ml}$）、残坡积粉质黏土层（$Q4^{el+dl}$）。

图 7-9 厂区平面布置和样点分布图

目标场地面积为 13.6hm^2，通过对目标场地的勘查，结合该厂区车间布局以及生产管理等因素影响，现场采样采用随机布点和判断布点相结合的原则，对已查明的重污染区域和已知污染区域加密布点，共布设土壤样点 79 个，采样深度为 0～9.4m。本研究选择表层土壤，即 0～60cm 深度土壤样点进行分析。因场地搬迁与拆除造成部分建筑垃圾堆砌在地面，因此钻孔采样用挖掘机和钻机相结合的方式，在预先设定的采样点位钻探，获取该点位的土柱样品。将采样管移出地面后，将筛选出的土样混合均匀后立即装入 250mL 直口玻璃瓶中，并正确密封，填写标签，放入装有适量低温蓝冰的保存箱中，样品采集完毕后送回实验室并进行检测。土壤中 Pb 含量采用 US EPA 6010C:2007 方法进行测定。

7.4.2　场地土壤中 Pb 含量统计及空间变异特征

场地土壤中 Pb 含量的频率分布直方图如图 7-10 所示。可以看出，由于 Pb 含量数据中有真实高值点存在，其频率分布直方图具有很大的右偏斜，不符合正态分布特征。约有 75%的样点含量集中在 23.60～8000mg/kg 范围内。最大值为 166000mg/kg，最小值为 23.60mg/kg，样点含量的极差很大。描述性统计指标中的标准差为 26970.67mg/kg，偏度为 3.57，峰度为 14.87，变异系数为 1.95，表明原始样点含量数据具有很强的空间变异特征。采用平均值加 4 倍标准差的方法识别数据集中高值点，共发现有 9 个异常真实高值点存在，将这 9 个异常真实高值点用中值代替后再进行描述性统计分析，发现新数据集的偏度、峰度及变异系数都明显降低，基本符合对数正态分布特征，表明真实高值点是原始数据集产生严重右偏倚性的主要原因。将采样点叠加到原厂区平面分布图上可以看出，真实高值点及超标较为严重的样点分布区域包括废铅堆放处、五车间和配件厂、二车间、一车间和四车间等，说明上述车间在生产过程中对土壤中 Pb 的累积影响较大。样点含量数据的均值和中值分别为 13839.83mg/kg 和 2855mg/kg，远超过北京住宅用地标准中的 400mg/kg，目标场地已经存在较大的环境风险。

该目标污染场地是我国典型的铅酸蓄电池生产企业，部分车间生产以及材料的存放过程中对局部区域产生较严重的土壤 Pb 污染，样点含量含有异常真实高值，造成样点污染物数据在场地中具有很强的空间变异性以及分布的不连续特征。从原始样点 Pb 含量数据的描述性统计分析结果已经看出，原始数据集具有很强的偏倚性和离散特征。本研究采用泰森多边形方法来进一步揭示土壤中 Pb 污染的空间变异，分析采样点间的相似性和局部变化特征。采用土壤钻孔样点构建整个场地的泰森多边形，并依据每个样点的含量计算每个多边形的标准差和平均值，来确定多边形的变异系数（CV），对所有多边形变异系数值进行统计得出，最小值为0.51，最大值为2.58，均值为1.27，标准差为0.48，计算出的土壤钻孔样点Pb含量变异特征如图7-11所示。从图7-11中可以看出，土壤中Pb污染的变异程度较强，空间变异系数在场地的中部区域较高，其他区域相对较低。土壤中Pb污染的局部变异系数特征与原厂区生产车间产生污染源的分布情况较为一致，场地的中部区域主要为废铅堆放处、五车间和配件厂、二车间、一车间和四车间等，是产生土壤Pb污染的主要来源。在该区域的采样点含量都较高，且含有真实高值点，造成了污染物在空间上强的空间变异性，因此污染物含量的空间变异系数值也较大。其他区域主要有库房、成品车间、办公楼及配件厂等，对土壤的Pb污染较轻，污染物的分布相对较为连续，污染物含量的空间变异系数值较小。局部变异系数值较大的地方，是将来需要加密采样以及修复治理等相关工作重点关注的区域。通过分析土壤中Pb含量的空间变异分布特征，可以直观获取污染物在空间上的离散特性和离散程度，对选择合理的插值方法、辅助分析污染评价结果具有重要作用。

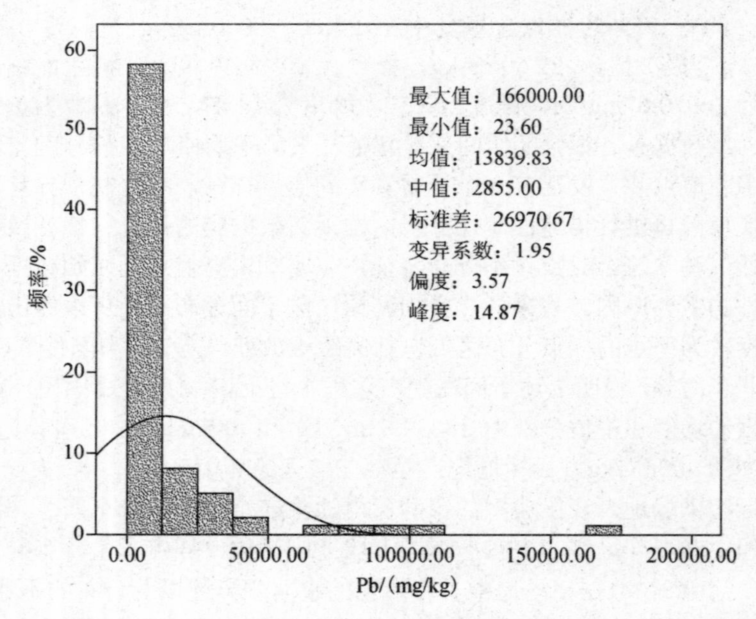

图7-10 场地土壤中Pb含量的频率分布直方图

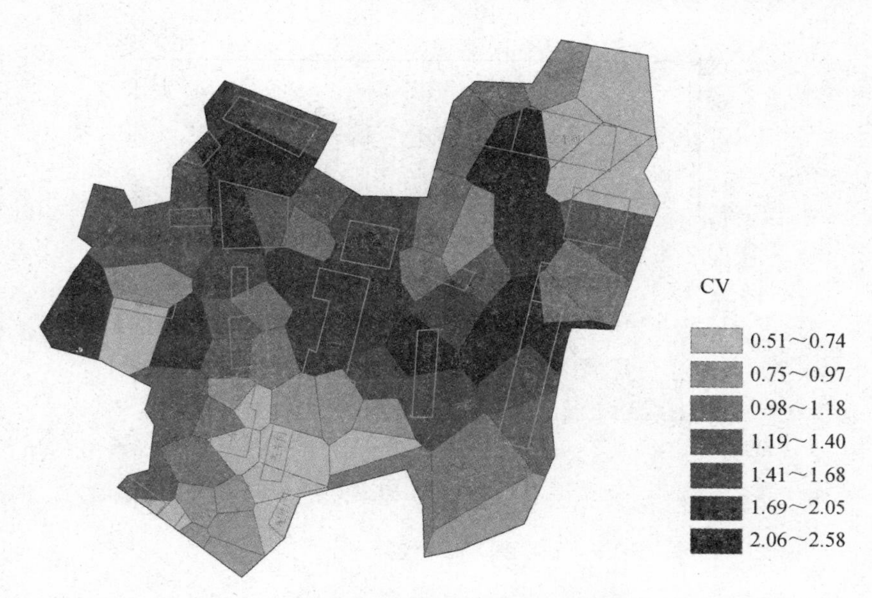

图 7-11　土壤钻孔样点 Pb 含量变异特征

7.4.3　不同插值方法对土壤中 Pb 的污染插值结果比较

对拆分后的数据集进行对数正态变换，对原始数据集进行 Box-Cox 正态变换，两种正态变换后数据的描述性统计分析结果及频率分布直方图如图 7-12 所示。可以看出，经正态变换后，两种数据集的偏度和峰度均有较大程度降低，能够通过正态分布检验，频率分布直方图显示符合正态分布特征。

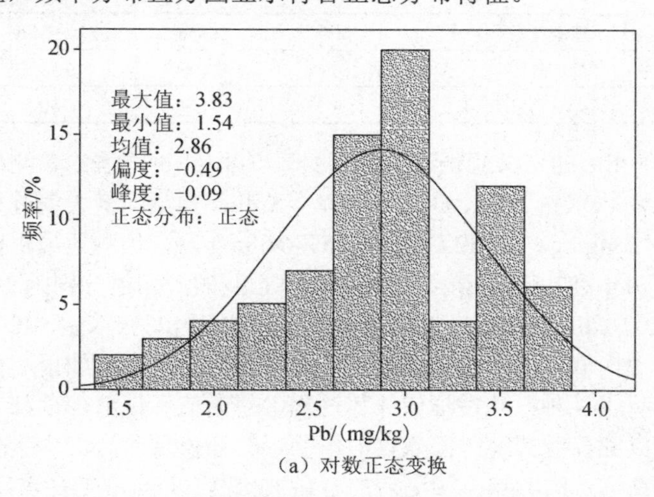

（a）对数正态变换

图 7-12　数据正态变换后频率分布直方图

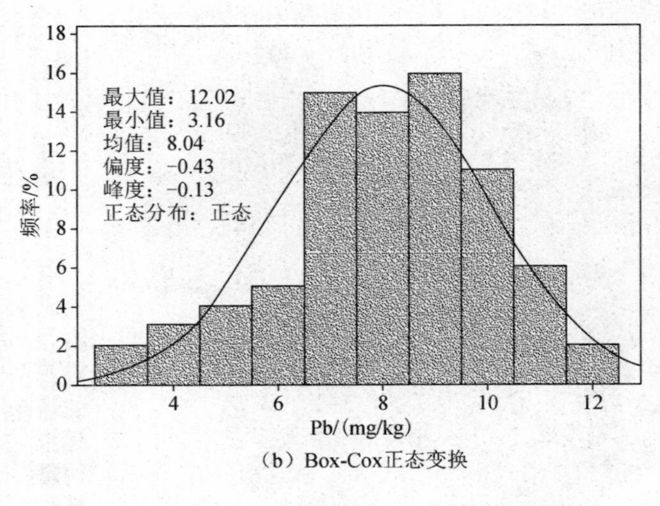

（b）Box-Cox正态变换

图 7-12（续）

对正态变换后的数据集进行半变异函数拟合，拟合的最优理论模型和参数见表 7-7，两种数据正态变换后数据拟合的半变异函数理论模型分别符合指数模型和高斯模型；空间相关度分别为 0.53 和 0.50，表明正态变换后的数据具有中等程度相关性；拟合的决定系数分别为 0.92 和 0.86，具有较为稳健的效果，能够满足对数克里格和普通克里格插值要求。

表 7-7 最优理论模型和参数

数据变换类型	理论模型	块金值	基台值	变程/m	空间相关度	决定系数
对数正态变换	指数模型	0.57	1.08	26.80	0.53	0.92
Box-Cox 正态变换	高斯模型	0.62	1.23	31.50	0.50	0.86

4 种方法预测后的交叉验证结果精度见表 7-8，4 种方法的预测统计结果与插值精度差异较大。OK_{LG}+TIN、OK_{BC}、IDW、Spline 预测的最大值分别为 175699.2 mg/kg、115014.3mg/kg、84752.0mg/kg、55864.8mg/kg，预测的最小值分别为 82.2 mg/kg、96.0mg/kg、87.5mg/kg、102.4mg/kg，预测的平均值分别为 14143.2mg/kg、11753.4mg/kg、10857.3mg/kg、9862.4mg/kg。可以看出，OK_{BC}、IDW、Spline 预测的最大值和平均值远低于实测的最大值和平均值，而预测的最小值均高于实测的最小值，表明这 3 种方法在插值计算过程中对高值和低值部分都有一定的平滑效应，即高值点部分受其周边低值点的影响，在插值预测后其含量被拉低，低值点部分受周围高值点的影响，预测后的含量被抬高。OK_{LG}+TIN 方法预测的最大

值、平均值和实测最大值、平均值较为接近，其原因是高值点被拆分后采用 TIN 方法插值，能够最大程度地反映污染的局部特征，拆分掉高值点部分的数据集符合对数克里格插值原理，能够反映出场地的整体污染特征，因此 OK_{LG}+TIN 方法插值计算结果有效降低了预测过程中的平滑效应，其预测的最小值虽也高于实测最小值，但最小值远低于北京住宅用地标准规定的 400mg/kg，不是修复治理过程重点关注的区域。从不同方法预测精度的交叉验证结果来看，OK_{LG}+TIN 具有最小的平均误差和均方根误差，其次分别是 OK_{BC}、IDW 和 Spline，表明 OK_{LG}+TIN 具有最高的插值精度，其预测结果能够较为真实地反映场地的实际污染状况。OK_{BC} 方法在对原始数据正态变换和逆变换过程中产生了较大的平滑效应；IDW 方法对样点分布位置和样点数量要求较高，样点越多且分布越均匀其预测精度越高；Spline 方法一般要求数据集有连续的一阶和二阶导数，受场地部分建筑物和硬化地面等实际情况影响，很难做到高密度和均匀网格布点采样，因此 OK_{BC}、IDW 和 Spline 的预测精度都较低。

表 7-8　不同插值方法预测统计结果与预测误差　　单位：mg/kg

项目	实测值	OK_{LG}+TIN	OK_{BC}	IDW	Spline
最大值	166000.0	175699.2	115014.3	84752.0	55864.8
最小值	23.6	82.2	96.0	87.5	102.4
平均值	13839.8	14143.2	11753.4	10857.3	9862.4
标准差	26970.7	11873.6	17060.5	15587.1	14696.4
平均误差	—	15.7	48.6	51.9	64.3
均方根误差	—	80.6	167.5	172.5	214.7

在对原始数据进行相应的预处理后，使用 OK_{LG}、TIN、OK_{LG}+TIN、IDW、Spline、OK_{BC} 方法对土壤中 Pb 含量的分布进行空间插值计算，最终形成的污染物空间分布如图 7-13 所示。从图 7-13（c）～（f）中可以看出，4 种插值方法对污染物空间分布预测的总体趋势相似，但在细部特征上差异较大。总体上来看，4 种插值方法预测污染较为严重的区域主要分布在厂区的中部和东南部区域，分布在厂区中部的主要车间有废铅堆放处、二车间极片生产、一车间等，场地东南区域的车间主要有四车间、五车间等，上述车间在生产及材料存储过程中涉及 Pb，对土壤中 Pb 污染的程度较为严重。从污染预测图的细部变化上来看，OK_{LG}+TIN 方法由于对高值点部分采用了 TIN 方法预测，因此较好地反映了场地局部高污染特征，对拆分出高值点的数据集部分采用 OK_{LG} 方法预测，符合对数克里格模型的插值原理，能够反映出场地整体的污染趋势，叠加后的污染预测图比较符合场

地的实际污染状况。IDW 和 Spline 方法属于确定性插值模型，在计算过程中只依据数据的几何结构特征，未考虑样点的空间信息，对样点要求较高，受样点分布位置和样点数量的影响，其插值结果虽能反映出场地污染的总体趋势，但难以准确反映出污染的局部，尤其是高污染区的细部特征。OK_{BC} 方法对原始数据做了正态变换处理，符合克里格插值原理，但在数据正态变换以及插值结果的逆变换过程中，对高值点部分产生了很大的平滑效应，同样难以反映出高污染区域的细部特征。在污染场地风险评估以及修复治理过程中，重点关注的是高污染和高风险区域，受采样点数量、样点分布以及插值方法适用原理等因素影响，IDW、Spline、OK_{BC} 方法预测结果难以反映场地高污染区域的细部变化特征。

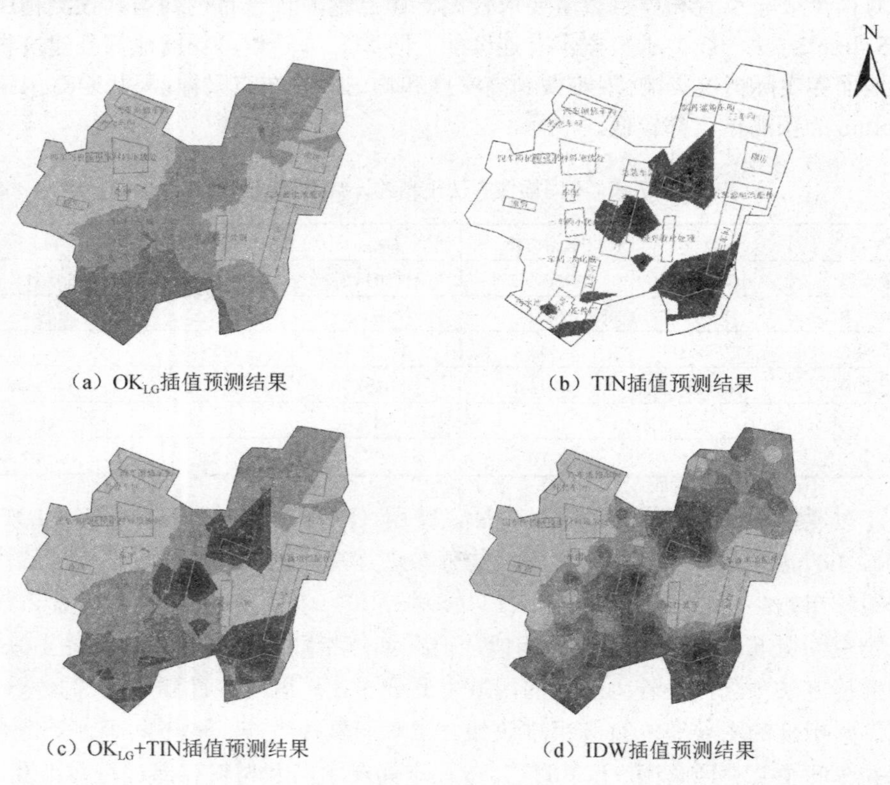

（a）OK_{LG}插值预测结果　　（b）TIN插值预测结果

（c）OK_{LG}+TIN插值预测结果　　（d）IDW插值预测结果

图 7-13　不同插值方法对土壤 Pb 污染的空间分布预测

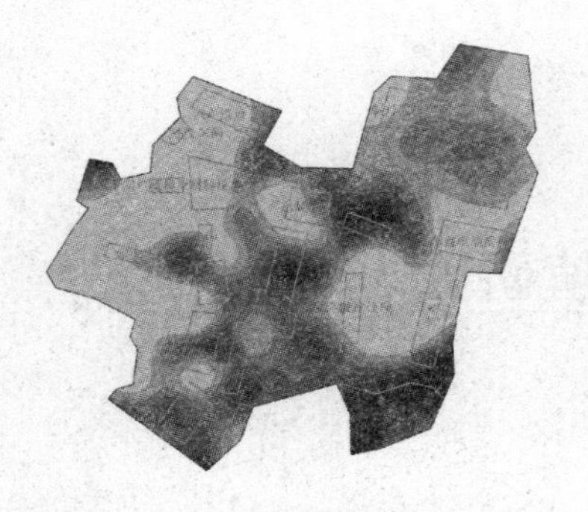

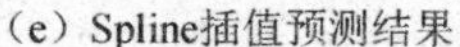

（e）Spline插值预测结果

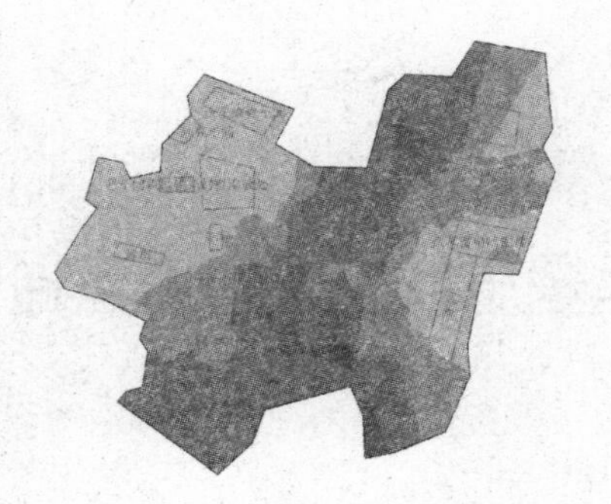

（f）OK_{BC}插值预测结果

图 7-13（续）

参照北京市住宅标准所规定的 Pb 含量值 400mg/kg，原始样点超标率为 58.9%，将预测结果转化为栅格数据进行统计计算，将高于 400mg/kg 的区域界定为污染范围。统计结果发现，OK_{LG}+TIN 预测的污染范围与样点超标率较为接近，污染超标范围为 55.4%；IDW 和 Spline 预测的污染范围高于样点超标率，污染超标范围分别为 65.7%和 67.9%；OK_{BC} 预测的污染范围低于样点超标率，污染超标范围为 51.8%。污染范围界定过大，在修复过程中虽能消除整个场地的污染危害，但会增加修复的投资，影响实际修复工程的开展；污染范围界定过小，虽然降低了修复工程的成本，但不能确保消除整个污染场地的风险。因此选择合理的插值模型，准确界定污染范围和修复边界，对于指导实际修复工作、消除场地风险和危害具有重要作用。

受历史生产过程及人为因素干扰，该铅酸蓄电池场地土壤中 Pb 含量的样点数据集具有严重偏斜特征，统计发现含有异常真实高值点，在局部区域有很强的变异性和污染物空间分布的不连续性。污染物空间变异特征与污染源对土壤中 Pb 的累积释放影响较为一致。不同插值方法预测结果都能反映出场地的总体污染趋势，但现有确定性插值模型和地统计学模型中的 IDW、Spline、OK_{BC} 方法预测结果不能很好地反映场地高污染区域的细部变化，对高污染区域产生了很大的平滑效应，预测结果精度较低，难以精确表征场地土壤 Pb 污染的实际污染特征。OK_{LG}+TIN 对原始数据集拆分后，对高值点部分和其他数据集部分采用分区预测的思路，分别插值计算后再进行叠加处理，可以较好地反映出场地局部区域和整体趋势的污染变化，取得了最高的预测精度，预测结果比较符合场地的实际污染状况，能够较为有效地指导污染场地污染范围界定和场地修复方案决策的制定。

第 8 章

场地土壤中污染物三维空间插值研究

污染场地的环境调查、风险评估以及污染分布确定等工作都是基于场地采样点数据来进行的（吴以中等，2012；陈辉等，2010；张厚坚等，2010），场地采样点钻孔数据由于带有空间坐标信息，因此是一种典型的地学变量，可以进行地学上的相关模拟和预测（吕鹏等，2011）。随着计算机技术和空间信息技术的发展，各种插值模型和地理信息系统等行业软件被广泛应用于污染场地的空间分布预测和污染分布制图（Lacarce et al.，2012；Gallagher et al.，2008；Verfaillie et al.，2006；Ozdamar et al.，1999）。污染场地污染物空间分布的界定和污染修复土方量计算的准确与否对修复方法的选择和修复成本都有着重要的影响（刘庚等，2012）。目前，污染场地污染物的空间分布范围界定大多基于二维平面，利用场地表层或某单一地层土壤钻孔样点数据，采用地统计学模型或确定性插值模型进行空间分布预测并进行污染制图（Dankoub et al.，2012；Juang et al.，2008），对于单一地层污染空间分布界定能够取得较好的预测效果（Wu et al.，2011），但在整个场地污染范围界定过程中没有考虑到不同地层之间污染物迁移的特性，受土壤异质性等因素的影响，预测结果存在着一定的不确定性（Shi et al.，2009；Meirvenne et al.，2001），不同地层之间误差的累积，导致最后污染范围的确定和污染土方量的计算存在着误差。

自 20 世纪 90 年代以来，对三维空间插值技术的深入研究以及三维可视化系统的出现和功能的不断完善，使得地学空间变量的真实三维模拟和三维插值成为可能（Wang et al.，2012；Culshaw.，2005）。3D 空间插值和可视化技术根据地层内的采样点空间分布信息，可以将区域化变量插值成空间体，能够获取变量在真实三维环境下的空间分布，使地层建模和三维插值技术在相关领域取得了较好的应用效果（乔金海等，2011；Calcagno et al.，2008；Falivene et al.，2007；吴健生等，2004）。通过地层建模和三维插值，可以直观获取污染物的三维空间分布信息，降低二维插值模型在高程变化较大地区和污染分布离散性强的地层中产生的预测误差。在污染场地土壤污染评价以及污染物三维空间分布表征时，重点关注的是污染物空间分布范围和受污染土方量的统计。污染边界的准确界定能够合理节约场地修复治理成本，提高场地环境管理效率。受污染物累积释放和迁移转化因素的影响，污染物含量在不同土层中具有各向异性特征，缺乏对变量的空间各向异性空间特征分析，会影响三维插值计算的精度，插值结果不能真实反映变量的三维空间分布特征。三维预测模型虽已应用于不同变量的插值计算，但在污染场地土壤中污染物的三维分布表征方面的应用较少，同时现有三维模型在空间分布预测过程中，也缺少对变量空间向异性特征的分析。因此，本研究首先选择某典型焦化企业污染场地为目标研究区域，选择场地中特征污染物苯并［*a*］芘（Bap）为研究对象，对比研究不同三维插值模型对预测土壤中 Bap 分布范围界定不确定性的影响。为进一步探索污染物向异性结构特征对三维插值模型预测结果的影响，本研究选择某典型铅酸蓄电池污染场地土壤 Pb 污染为研究案例，在分析污染物各向异性空间结构特征基础上，对比研究常用的三维克里格、反距离加权和邻近点模型在不同各向异性特征参数设置下的预测精度，分析对受污染土方量计算和污染评价制图的不确定性，为指导该场地的修复治理提供依据。

8.1　研究方法

1. 地质体建模技术

基于钻孔样点采样数据，在现有资料和数据有限的情况下，对钻孔样点数据通过构建的三维模型，进行钻孔数据的空间插值计算，可以有效模拟整个目标区域的地层分布特征，为相关工作的开展提供理论指导。

目前地质体三维建模常用的建模模型有面模型（Facial Model）、体模型（Volumetric Model）、混合模型（Mixed Model）。

由于地质结构体的物理属性通常情况下可以认为是相同或相似的，因此由多个三角面构建的三角面模型能够实现地质体三维可视化建模，三角面模型的基本属性包括顶点集合、面索引集合、面法线集合、表面纹理、颜色等。对非规则体模型的特征进行剖析，按照点、线、面、体 4 种结构进行描述，如果再引入边界结构，可以扩展实现似层状模型的建模，增强了对复杂介质模型的三维解释能力。

初始建模模型的生成主要包括球面体、四面体、六面体、多棱体、圆柱体、多层体等模型。采用单位模型平移和缩放的方法可以对四面体、六面体、多棱体等简单多面体进行生成；而对于球面体、圆柱体等复杂的多面体，可以采用成熟的计算几何算法实现。简单多面体模型结构简单，主要包含模型顶点数、模型面数、顶点和面索引数据。初始模型生成所涉及的输入主要包括以下内容。

1）球面体。

位置：球面体中心坐标。

半径：球面体的半径。

细分次数：球面体表面光滑程度。

2）四面体。

位置：四面体中心坐标。

直角边长：四面体的直角边长。

3）六面体。

位置：六面体中心坐标。

边长：六面体 3 个方向的边长。

4）多棱体。

位置：多棱体中心坐标。

上顶点至截面高：多棱体上顶点到其中心截面的长度。

下顶点至截面高：多棱体下顶点到其中心截面的长度。

截面外接圆直径：多棱体中心截面的外接圆直径。

截面多边形边数：多棱体中心截面多边形的边数。

5）圆柱体。

位置：圆柱体中心坐标。

侧面圆面直径：圆柱体侧面圆面的直径。

圆多边形边数：圆柱体侧面圆面逼近多边形的边数。

6）多层体。

位置：多层体中心坐标。

边长：多层体 3 个方向的边长。

X 方向控制点数：*X* 方向控制点的数量。

Y 方向控制点数：*Y* 方向控制点的数量。

Z 方向控制点数：*Z* 方向控制点的数量，决定多层体的层数。

简单多面体模型：可以输入简单多面体模型，如主要包含模型顶点数、模型面数、顶点和面索引数据的模型文件。

2. 二维截面分析技术

污染场地的相关研究中通常使用多种数据，包括土壤钻孔数据、水资源数据、污染物样点含量数据等。当目标场地内的地层出现不完全整合或者地层尖灭现象时，会涉及不同曲面之间求取交集的问题；地层的三维模型的上边界是地表曲面，通过构建的模型拟合的地层层面不能超过地表曲面。另外，在制作不同地层的剖面图形时，绘制的界线是通过显示剖面与其他各种地层界面进行交集所得出的交线。

对于污染场地分析应用，其主要关心二维剖面 （平面）与地表、污染区域等地质体相交线或面上的数据，即主要涉及二维剖面与地质界面（层面）和三维地质体模型之间的相交运算。

二维剖面与地质界面（层面）的相交运算属于平面和曲面的相交运算，利用其几何原理即可进行求解。二维平面与三角面模型的相交可以分解为二维平面与多个三角面的相交问题来进行求解，重点解决相交点排序生成多边形的问题。二维剖面与地质界面（层面）和三维地质体模型之间的相交结果为曲线或曲面，类似于三角面模型的点线面特征的拾取，可以对其结果进行拾取，进而改变其位置和大小，实现二维截面的编辑。

3. 三维可视化显示技术

地质体的三维可视化显示以计算机图形学、计算机视觉为基础，即将三维模型经过投影变换显示在二维屏幕上，进而通过在屏幕上修改形体的平面几何形状（三维模型的一个侧面）来修改三维形体模型。

三维几何变换和投影变换是三维可视化显示技术的基础，其原理如下。

（1）三维几何变换

三维几何变换指对三维图形对象进行平移、旋转、缩放等三维变换操作。

1）平移变换。三维点坐标的齐次表达形式为 $P(x,y,z,1)$，其与变换后的点 $P'(x',y',z',1)$ 的三维变换关系如下（图8-1）:

$$\begin{bmatrix} x' \\ y' \\ z' \\ 1 \end{bmatrix} = \begin{bmatrix} 1 & 0 & 0 & t_x \\ 0 & 1 & 0 & t_y \\ 0 & 0 & 1 & t_z \\ 0 & 0 & 0 & 1 \end{bmatrix} \begin{bmatrix} x \\ y \\ z \\ 1 \end{bmatrix} = \begin{bmatrix} x+t_x \\ y+t_y \\ z+t_z \\ 1 \end{bmatrix} = T\left(t_x,t_y,t_z\right) \begin{bmatrix} x \\ y \\ z \\ 1 \end{bmatrix}$$

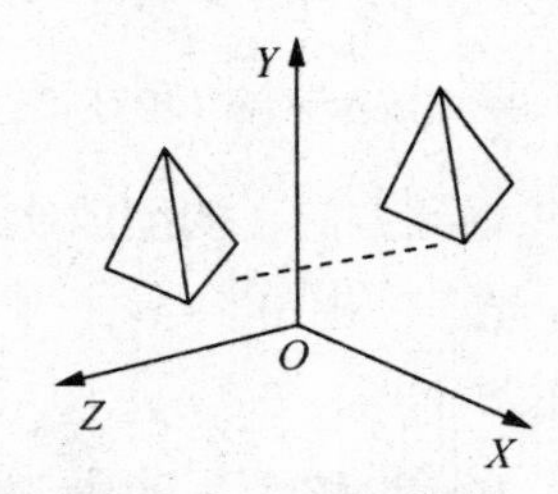

图8-1　三维空间的平移示意图

2）绕坐标轴的旋转变换。三维空间点绕 3 个坐标轴逆时针旋转 θ 角的旋转变换分别如下。

① 绕 x 轴旋转：

$$\begin{bmatrix} x' \\ y' \\ z' \\ 1 \end{bmatrix} = \begin{bmatrix} 1 & 0 & 0 & 0 \\ 0 & -\sin\theta & \cos\theta & 0 \\ 0 & \sin\theta & \cos\theta & 0 \\ 0 & 0 & 0 & 1 \end{bmatrix} \begin{bmatrix} x \\ y \\ z \\ 1 \end{bmatrix} = R_x(\theta) \begin{bmatrix} x \\ y \\ z \\ 1 \end{bmatrix}$$

② 绕 y 轴旋转：

$$\begin{bmatrix} x' \\ y' \\ z' \\ 1 \end{bmatrix} = \begin{bmatrix} \cos\theta & 0 & \sin\theta & 0 \\ 0 & 1 & 0 & 0 \\ -\sin\theta & 0 & \cos\theta & 0 \\ 0 & 0 & 0 & 1 \end{bmatrix} \begin{bmatrix} x \\ y \\ z \\ 1 \end{bmatrix} = R_y(\theta) \begin{bmatrix} x \\ y \\ z \\ 1 \end{bmatrix}$$

③ 绕 z 轴旋转：

$$\begin{bmatrix} x' \\ y' \\ z' \\ 1 \end{bmatrix} = \begin{bmatrix} \cos\theta & -\sin\theta & 0 & 0 \\ \sin\theta & \cos\theta & 0 & 0 \\ 0 & 0 & 1 & 0_z \\ 0 & 0 & 0 & 1 \end{bmatrix} \begin{bmatrix} x \\ y \\ z \\ 1 \end{bmatrix} = R_z(\theta) \begin{bmatrix} x \\ y \\ z \\ 1 \end{bmatrix}$$

3）缩放变换。三维模型相对于参考点 (x_f, y_f, z_f) 的缩放变换步骤如下（图 8-2）：①将三维模型平移到坐标原点处；②进行缩放变换；③将参考点 (x_f, y_f, z_f) 移回原来位置。

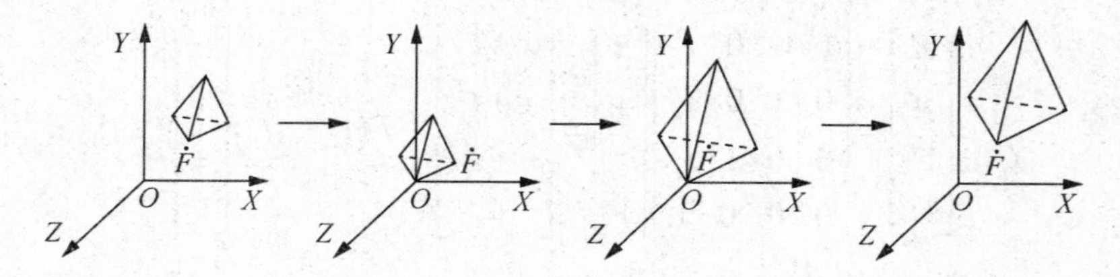

图 8-2　三维空间的缩放示意图（相对 F 点作缩放变换）

设 S_x, S_y, S_z 分别为 x, y, z 坐标轴方向上的缩放比例数，其变换矩阵为

$$\begin{bmatrix} 1 & 0 & 0 & x_f \\ 0 & 1 & 0 & y_f \\ 0 & 0 & 1 & z_f \\ 0 & 0 & 0 & 1 \end{bmatrix} \begin{bmatrix} s_x & 0 & 0 & 0 \\ 0 & s_y & 0 & 0 \\ 0 & 0 & s_z & 0 \\ 0 & 0 & 0 & 1 \end{bmatrix} \begin{bmatrix} 1 & 0 & 0 & -x_f \\ 0 & 1 & 0 & -y_f \\ 0 & 0 & 1 & -z_f \\ 0 & 0 & 0 & 1 \end{bmatrix} = \begin{bmatrix} s_x & 0 & 0 & (1-s_x)\cdot x_f \\ 0 & s_y & 0 & (1-s_y)\cdot y_f \\ 0 & 0 & s_z & (1-s_z)\cdot z_f \\ 0 & 0 & 0 & 1 \end{bmatrix}$$

（2）投影变换

投影变换主要是将三维物体变换为二维图形表示。投影变换主要分为平行投影和透视投影两类（图 8-3）。

1）平行投影。投影线平行，投影中心点位于无穷远的投影方式称为平行投影。其中投影方向垂直于投影平面的投影称为正平行投影，我们通常所说的三视图均属于正平行投影。

2）透视投影。投影线不平行，投影中心点位于有限位置的投影方式称为透视投影。投影中心点可看成视点或观察点，投影线看成视线。

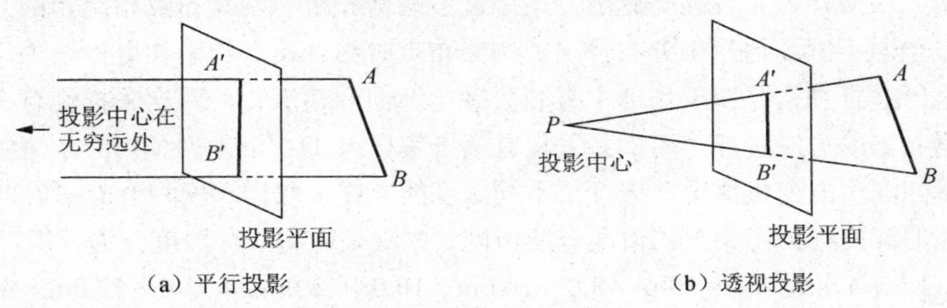

图 8-3　平行投影和透视投影

4. EVS.Pro 地质建模系统简介

EVS.Pro 在 C-Tech 系列产品中应用非常广泛，EVS.Pro 含有 EVS 和 MAS 所有的使用功能，同时还补充了高级网格建模模块、建模系统工具、相关输出的输出选项、地质统计模块等，增加的功能主要包括实时地形漫游、高级地质结构建模等。EVS.Pro 的体渲染能够对污染状况进行完全的三维可视化及对应的分析。

本研究对钻孔数据的地层建模、三维空间插值和三维可视化表达均在 EVS. Pro 中实现。对钻孔样点数据进行前期预处理，将钻孔数据转换成 EVS. Pro 可读取的地层文件，用于构建研究区的地层建模。其主要架构过程为，首先插值地表面及各个地层的底面，每个地层的底面即为下层的顶面，再将每两个相邻的地表面间填充为某一地层，结合构建的三维地层模型，采用 3D 克里格插值方法对污染物钻孔样点含量数据进行三维插值和分布表征。

8.2　不同三维插值模型对土壤 Bap 预测结果的影响

8.2.1　钻孔数据的采集与分析

根据对目标场地的实地勘查，结合原有水文地质和岩土工程勘查资料，将本场地内最大勘探深度 19.30m 范围的土层划分为人工堆积层和第四纪沉积层两大类，并按地层岩性及其物理力学性质指标，进一步划分为 6 个大层，第 1 大层为人工堆积的黏质粉土填土、粉质黏土填土；第 2 大层为黏质粉土、砂质粉土；第 3 大层为粉砂、细砂；第 4 大层为粉质黏土、黏质粉土；第 5 大层为细砂、粉砂；第 6 大层为粉质黏土、黏质粉土。

第一次现场采样采用判断布点的原则，其目的是在场地污染识别的基础上，选择潜在污染区域进行土壤布点采样，共布设 64 个土壤采样点；第二次现场采样是在第一次采样点布设的基础上，采用近似网格布点和判断布点相结合的方法，目的是全面了解场地污染分布情况，判断布点时结合第一次采样分析结果，对污染严重区进行加密。鉴于场地中有部分硬化地面和建筑物，两次采样没有完全按照网格布点的方法进行。两次共采集有效土壤样点 114 个。为了判断土壤中污染物含量随深度的变化情况，进行了不同深度的取样，取样深度为 0.3～17.0m，每个钻孔的深度根据污染源的情况有所不同。本次采样将取样深度分为 6 层：0.3～1.5m、1.5～4.0m、4.0～8.0m、8.0～10.0m、10.0～13.0m 和 13.0～17.0m。钻探采用本地区常用的 SH-30 型钻机，使用原状土取土器按照方案设计深度取土，取土后采样。PAHs 的测定方法以及质量控制参照 US EPA 8270D 标准。场地污染土壤钻孔样点分布如图 8-4 所示。

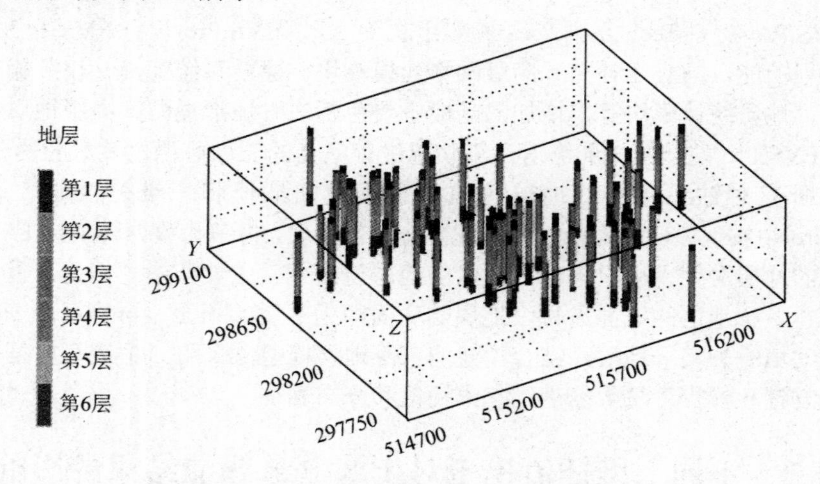

图 8-4　场地污染土壤钻孔样点分布

8.2.2　土壤钻孔样点含量数据的统计特征分析

不同层土壤钻孔样点含量数据的描述性统计特征结果见表 8-1。从表 8-1 中可以看出，在每层中样点含量的最小值与最大值差异较大。前 3 层样点含量数据的最大值超标严重，均大于后 3 层最大值的数百倍，表明污染物在场地的分布状况受一定迁移转化因素的影响。将采样点数据叠加到原厂区平面图上可以看出，样点含量的高值点主要分布在焦油分厂、炼焦分厂等重点污染厂区，在局部区域存在严重污染现象。6 层样点含量数据的偏度和峰度都较大，除第 6 层外，变异系数均超过了 250%，表明样点含量数据具有很高的偏倚性和空间变异特征。

表 8-1　不同层土壤钻孔样点含量数据的描述性统计特征结果

Bap	最小值 /（mg/kg）	最大值 /（mg/kg）	平均值 /（mg/kg）	偏度	峰度	变异系数	标准差 /（mg/kg）
第 1 层	0.01	172.00	7.30	4.44	20.84	3.57	26.08
第 2 层	0.01	95.20	3.72	5.34	28.67	4.74	17.64
第 3 层	0.01	33.40	1.42	5.19	27.49	4.38	6.22
第 4 层	0.01	0.44	0.034	4.24	18.71	2.53	0.086
第 5 层	0.01	0.85	0.06	3.72	13.09	3.17	0.19
第 6 层	0.01	0.28	0.026	4.33	20.46	2.00	0.052

8.2.3　污染场地的三维地层建模及分布表征

在污染场地土壤及地下水调查中，仅依靠柱状图或二维平面图提供的信息不能完全满足获取整个场地地层分布状况的需求，通过钻孔数据可以获取钻孔样点的准确地层分布信息，但受钻孔样点个数的限制，并不能掌握整个场地的地层状况，通过有限的钻孔样点进行建模，是模拟整个场地地层分布的主要手段。因此，三维地层建模技术在污染场地的环境调查中具有很强的技术优势，通过构建三维地层模型，可以快速获取不同地层的分布状况和分布规律，加强对场地地质特征的认识，同时也可以辅助分析污染物在不同地层的分布和迁移规律。为说明钻孔样点数据模拟地层几何体的过程，将钻孔高程数据与地层几何体显示在同一坐标系当中。根据本焦化场地的钻孔样点数据，首先提取出不同层的高程点，在 EVS.Pro 中通过 Post Sample 模块生成钻孔样点分布图；3D Geology 模块可以读取记录土壤类型的钻孔数据文件，自动进行空间网格栅格的划分，创建不同地层，地层属性包括土壤类型、高程等；Geologic Surfaces 模块用来接收 3D Geology 模块生成的网格、节点模型，展现地层的曲面。通过上述方法构建的地层模型，即第 6 大层粉质黏土、黏质粉土层如图 8-5（a）所示。用同样方法建立不同层的层面。根据初步地质调查结果，本场地内地层岩性较好，相邻土层之间没有空隙，对相邻土层之间进行填充，即可获得上层的地层模型，同理可构建不同土层的层面模型，最终形成了场地不同土层的三维地层建模，如图 8-5（b）所示。图 8-5（b）中从上到下分别代表黏质粉土填土、粉质黏土填土层，黏质粉土、砂质粉土层，粉砂、细砂层，粉质黏土、黏质粉土层，细砂、粉砂层，粉质黏土、黏质粉土层。通过地层建模，可以实现地层的三维立体显示和查看，也可以在任意方向对地质体截取切片，了解地质结构在不同平面上的分布特征，结合特征污染物的三维插值结果，通过切片的截取，能够显示污染物在不同剖面上的污染情况。

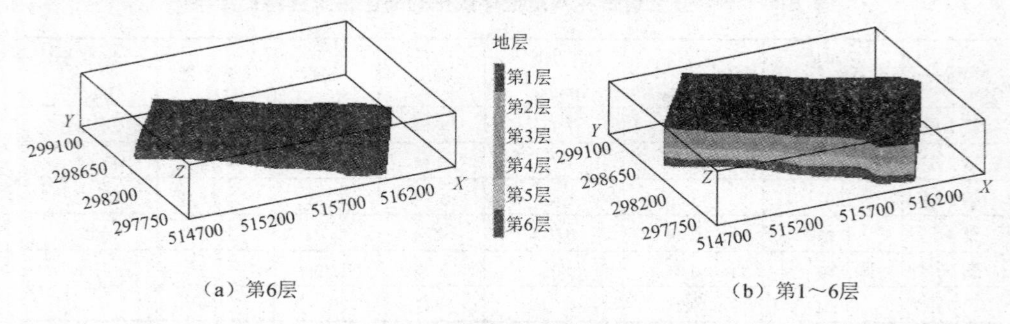

图 8-5　场地不同地层的三维地层模型

在对场地污染土壤钻孔数据预处理以及三维体模型构建基础上，选用该建模系统中 Krig-3D、IDW-Shepard、IDW-（Franke/Nielson）以及 Nearest Neighbor 4 种三维插值方法，对 Bap 的钻孔样点含量数据进行三维插值。应用克里格模型进行插值之前，需要对待插值数据进行半变异函数的拟合，根据理论半变异函数拟合的结果，对特征污染物进行三维空间插值计算。Bap 污染含量钻孔数据最终三维插值结果如图 8-6 所示。从图 8-6 可以看出，4 种方法的插值结果差异较大，图 8-6（d）中显示表层污染严重区域最大，图 8-6（a）、（c）、（b）次之，表明污染插值结果受插值方法的影响较大。通过切片显示可以看出，第 2 层的插值结果具有和表层相同的规律。污染严重区域的钻孔样点为本场地高风险的集中点，4 种插值结果的污染超标严重区域主要集中在场地的中下部，结合该焦化厂原有厂区平面布局图以及历史生产活动可知，该厂区中下部主要有炼焦分厂和焦油分厂等生产车间，是 PAHs 污染产生的主要原因，个别车间在生产、存储过程中的泄漏、遗撒等原因使得局部地区污染严重。另外，污染物在不同地层中也出现不均匀性分布特征，如个别钻孔样点的下层含量超过上层土壤的含量，说明污染物在场地中的分布受累积释放因素以及不同地层迁移特征的影响。

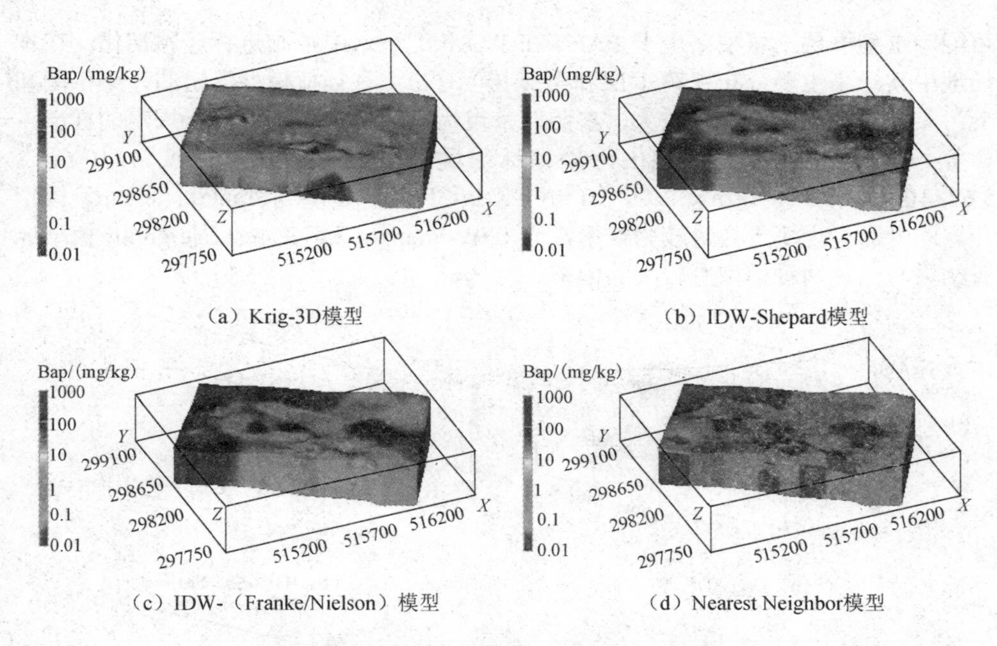

（a）Krig-3D模型　（b）IDW-Shepard模型

（c）IDW-（Franke/Nielson）模型　（d）Nearest Neighbor模型

图 8-6　Bap 污染含量钻孔数据最终三维插值结果

8.2.4　场地土壤中 PAHs 污染范围界定及土方量估算

对不同插值模型插值结果的内部特征进行统计分析，可以确定污染物在三维空间不同地层上的污染分布范围以及估算污染土方量。EVS.Pro 中的 Plum Volume 模块接受插值结果，按照临界值的标准界定出需要表达的污染范围。EVS.Pro 将三维应用分析与 ESRI ArcGIS 进行了无缝集成，污染体可通过网格表面的形式在 ArcGIS 中呈现，体现了对数据编辑管理的优势，也可以对污染土壤的边界点进行标示。参照北京市污染场地土壤筛选值所规定的标准，定义 Bap 污染超标的临界值为 0.4mg/kg，4 种插值模型界定的污染物在不同地层污染超标的范围如图 8-7 所示。从图 8-7 可以看出，4 种插值模型界定的污染超标范围主要集中在第 1 层和第 2 层上。局部污染严重的区域主要分布在表层土壤中，位于场地中下部。叠加土壤钻孔样点数据，通过不同方向上的切片显示可以看出，含量超标严重的样点均在插值结果中局部污染严重的区域，说明污染物在场地中的分布状况和污染超标范围受场地历史生产、管理布局和污染成因的影响。大气排放是本焦化场地的主要污染途径，排放产生的污染物通过扩散对整个场地表层土壤产生污染，场地的中下部为回收一分厂、焦油分厂、炼焦分厂等车间，是产生污染的主要原因，因此界定的污染超标范围也主要分布在该区域的表层土壤中。另外，由于储存了含 PAHs 的煤化工产品，储罐渗漏、遗撒也会对表层土壤造成局部严重污染，并可能渗透到下层土壤中。由于 PAHs 在土壤和地下水中很难进行迁移转化，在本场地中其污染主要分布在第 1 层和第 2 层当中。4 种插值模型界定的污染范围和受污染土壤的土方量差异较大，参照北京市污染场地土壤筛选值所规定的标准，计算 4 种插值模型在场地中污染超标土壤的土方量，分别为 $8.51\times10^5m^3$、$5.62\times10^5m^3$、$7.12\times10^5m^3$、$1.09\times10^6m^3$，Krig-3D 和 IDW-（Franke/Nielson）模型计算的受污染土壤土方量较为接近，而 IDW-Shepard 和 Nearest Neighbor 模型计算结果与上述两种模型有较大的偏差。

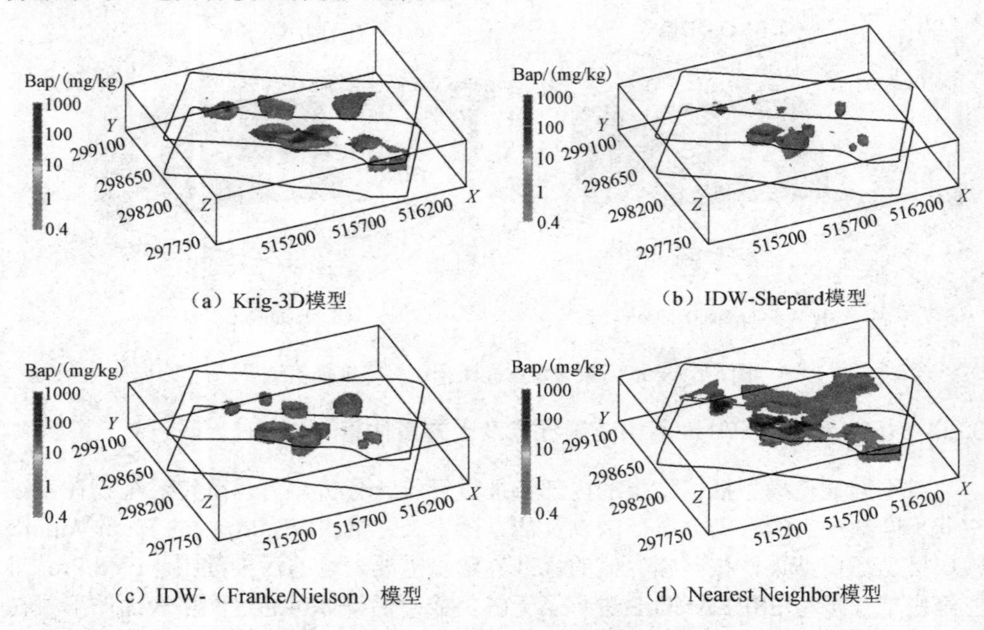

（a）Krig-3D模型　（b）IDW-Shepard模型

（c）IDW-（Franke/Nielson）模型　（d）Nearest Neighbor模型

图 8-7　不同地层污染超标的范围

不同的插值模型虽然可以应用于该焦化场地污染物的三维空间分布预测，但预测的污染范围以及计算出受污染土壤的土方量差异较大，对预测结果产生了一定的不确定性，通过对预测结果的精度验证，可以选取最优插值模型，提高预测结果的精度。采用交叉验证方法中的平均值误差（ME）和均方根误差（RMSE）2 个指标来比较不同插值模型的精度。4 种插值模型插值精度的交叉验证结果见表 8-2。通过交叉验证结果可以看出，Krig-3D 的 ME 和 RMSE 最小，取得了最高的预测精度，而 Nearest Neighbor 计算出的插值精度最低。插值结果的精度验证表明 Krig-3D 模型界定的污染范围与场地污染的实际情况最为接近，取得了最优的预测效果，其界定的污染范围能够有效指导场地修复范围和开挖边界的确定。相对于其他 3 种三维空间插值模型，Krig-3D 模型最适合于本场地土壤 PAHs 的三维空间分布预测。

表 8-2　不同插值模型插值精度的交叉验证结果

插值模型	ME	RMSE
Krig-3D	0.36	1.76
IDW-Shepard	0.67	2.45
IDW-（Franke/Nielson）	0.45	3.62
Nearest Neighbor	1.24	4.87

8.3　顾及污染物向异性特征的土壤 Pb 三维分布预测

8.3.1　钻孔数据采集分析与插值参数设定

选择 7.4 节中铅酸蓄电池污染场地为研究对象，根据前期初步环境调查结果，结合该厂区实际现状，本次采样采用随机布点和判断布点相结合的原则，重点关注已经暴露的土壤污染地点和污染物特征并确保取样点对整个场地有合理的覆盖，对前期已经查明的重污染区域加密布点，对已知未污染或污染较轻区域样点间距适当加大。结合场地水文地质背景资料以及实际现状，将该场地从表层往下依次划分为建筑垃圾层（0～0.5m）、杂填土层（0.5～1m）和原土层（1m 以下），土壤样品按照上述分层进行 3 层采样，采样深度为 0～9.4m，共布设有效土壤钻孔样点 79 个，每个钻孔基本按照分层的深度取样，每个孔位取样品 3～5 个，经分析化验后，取本层中污染物含量的最大值来进行插值计算。所采集样品的数量和代表性能够满足本研究所使用三维插值模型的要求。场地的三维地形和钻孔样点分布如图 8-8 所示。因场地搬迁与拆除造成部分建筑垃圾堆砌在地面，钻孔采样采用挖掘机和钻机相结合的方式，在预先设定的采样点位钻探，获取该点位的土柱样品，将采样管移出地面后，将筛选出的土样混合均匀后立即装入 250mL 直口玻璃瓶中，并正确密封，填写标签，放入装有适量低温蓝冰的保存箱中，

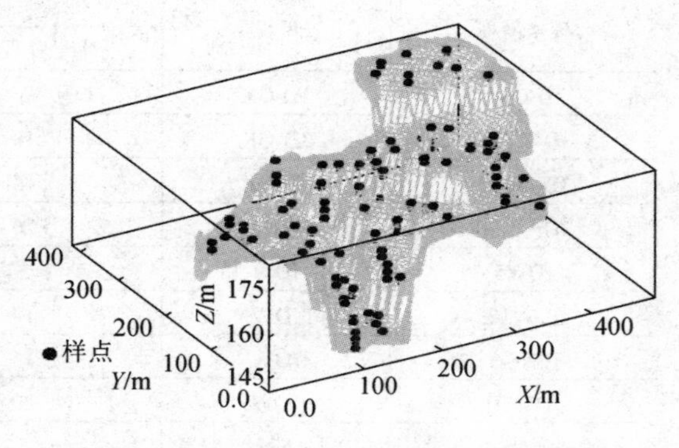

图 8-8　场地三维地形和钻孔样点分布

样品采集完毕后送回实验室进行检测。

土壤中 Pb 含量采用 US EPA 6010C：2007 方法进行测定，具体分析检测流程如下：将采集到的土壤样品经自然风干，粗磨除去土壤中的碎石等异物，过 20 目尼龙筛，混匀后用四分法缩分至约 100g；再用玛瑙研磨，过 100 目尼龙筛，混匀后备用；准确称取 0.100g 过 100 目筛的样品（100℃烘干 4h），放入聚四氟乙烯高压釜内，加入 3mL 优级纯硝酸、1mL 次氯酸、1mL 氢氟酸，放入不锈钢套内，拧紧盖，烘箱内 160℃加热 4h，冷却后取出样品，定容到 10mL，在日立 Z-2000 原子吸收光谱仪上测定土壤中 Pb 含量。

选择三维插值模型中应用较为普遍的三维克里格模型（3D-OK）、反距离加权模型（IDW）和邻近点模型（NN）进行该场地土壤 Pb 的三维空间插值预测。污染物含量在不同土层中具有各向异性空间结构特征，在插值计算时，邻域点集内水平方向的点与垂直方向的点对预测点含量值的影响权重不同，具体表现在水平垂直各向异性比系数上，水平垂直各向异性比系数一般默认值为 10，即垂向上 1 个长度单位的采样点影响权重，与水平方向上 10 个长度单位的采样点权重相同。为揭示不同水平垂直比值对不同模型预测精度和污染评价的影响，不同模型设定的水平垂直比值、搜索半径等参数情况见表 8-3。在应用三维克里格模型前，需要对原始数据集进行对数正态变换处理，根据不同水平垂直比值设置后拟合的最优三维半变异函数理论模型进行插值计算，最后将预测结果根据正态变换公式进行逆变换，回推到原始单位。

表 8-3　三维插值模型及参数设置

模型简称	三维模型	模型参数设置	
		水平垂直比值	搜索半径
3D-OK5	3D-OK	5	邻近 20 个点
3D-OK10	3D-OK	10	邻近 20 个点
3D-OK15	3D-OK	15	邻近 20 个点
3D-OK20	3D-OK	20	邻近 20 个点
IDW5	IDW	5	邻近 20 个点，最少 15 个
IDW10	IDW	10	邻近 20 个点，最少 15 个
IDW15	IDW	15	邻近 20 个点，最少 15 个
IDW20	IDW	20	邻近 20 个点，最少 15 个
NN5	NN	5	邻近 20 个点，最少 15 个

续表

模型简称	三维模型	模型参数设置	
		水平垂直比值	搜索半径
NN10	NN	10	邻近 20 个点，最少 15 个
NN15	NN	15	邻近 20 个点，最少 15 个
NN20	NN	20	邻近 20 个点，最少 15 个

8.3.2　场地不同地层土壤中 Pb 含量的统计分析

从图 8-9 可以看出，在不同土层中钻孔样点含量数据的极差较大，从第 1 层～第 3 层的最小值分别为 23.6mg/kg、21.8mg/kg、19.2mg/kg、最大值分别为 166000mg/kg、35200mg/kg、22900mg/kg，最小值与最大值相差数千倍，表明在场地局部区域污染严重，样点含量值极高。从数据频率分布直方图可以发现，不同层样点含量数据均存在右偏尾现象，不符合正态分布特征，且不同层样点含量数据的偏度和峰度值都较大，表明样点含量数据集在空间上具有一定的离散特性。不同层样点的变异系数均超过了 150%，具有很强的空间变异特征。对同一钻孔不同层的含量值进行比较分析，从表层到底层的含量值呈减小趋势，表明场地土壤中污染物的累积释放受迁移转化和人为干扰因素的影响。不同土层的样点含量数据集中，均含有异常真实高值点，远超过北京住宅用地标准中规定的 400mg/kg，目标场地已经存在较大的环境风险。将钻孔样点叠加到厂区平面布置图上可以看出，含量超标严重的样点主要分布在废铅堆放处、五车间和配件厂、二车间、一车间和四车间等区域内，赋存在土壤中的污染物与污染源分布以及不同生产工艺产生污染物的情况较为一致，上述车间在生产过程中对局部区域土壤产生较为严重的 Pb 污染。

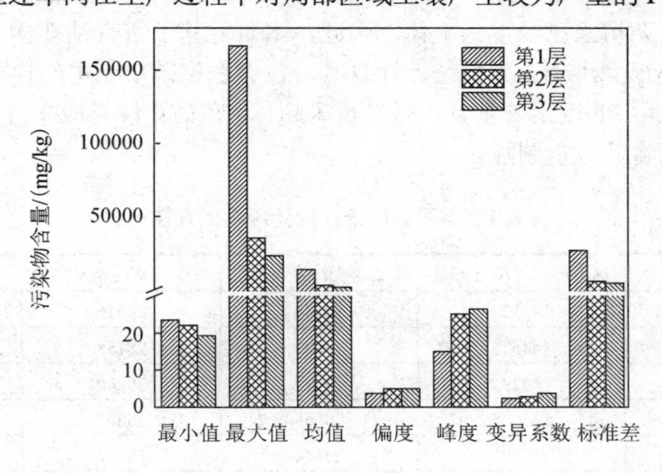

图 8-9　场地土壤中 Pb 污染数据的基本统计特征

8.3.3 不同模型估算场地不同地层受污染土方量分析

参照北京市住宅标准所规定的 Pb 含量值 400mg/kg，将高于 400mg/kg 的区域界定为污染范围，对不同模型的三维分布预测结果受污染土方量进行统计，不同模型统计的受污染土方量见表 8-4。从统计结果可以看出，不同模型和同一模型不同参数计算出的受污染土方量都不一致。受表层真实高值样点的影响，3 种模型随着水平垂直比值的增大，第 1 层计算出受污染土方量基本呈减小趋势，第 2 层和第 3 层受污染土方量呈增大趋势。3D-OK 模型和 NN 模型统计的总污染土方量随水平垂直比值增大而增大，IDW 模型计算出总的受污染土方量合计随水平垂直比值的增大而减小。所有模型中 IDW5 方法统计出的受污染土方量合计最大，为 263402m^3；NN5 方法统计的受污染土方量合计最小，为 215379m^3。总体来看，3D-OK 模型和 IDW 模型在不同参数下计算出的受污染土方量明显大于 NN 模型。从分层统计结果来看，表层受污染土方量最大，其次是第 2 层，第 3 层受污染土方量最小，表明该场地表层土壤污染最为严重。3D-OK 模型和 IDW 模型在不同参数下计算出的表层受污染土方量较为接近，NN 模型在不同参数下对表层的计算结果低于另外 2 种模型。从分层和总的受污染土方量统计结果来看，第 1 层中受污染土方量总体呈现为 NN＜IDW＜3D-OK，第 2 层为 NN＜3D-OK＜IDW，第 3 层为 3D-OK＜NN＜IDW，不同模型对受污染总土方量统计结果为 NN＜3D-OK＜IDW，同一模型在不同参数设置下的统计结果也略有差异。从上述分析结果可以看出，不同模型受其适用原理以及样点含量数据集特征的影响，预测结果中统计的受污染土方量并不一致。在进行钻孔采样时，该场地已进行了部分拆除，建筑垃圾和表层杂填土已经混为一体，因此，本研究基于所有钻孔样点含量数据采用不同模型进行受污染土方量统计计算时，包含表层杂填土中的建筑垃圾部分，在对建筑垃圾中 Pb 浸出含量分析时发现未超标，在估算修复成本时，应根据建筑垃圾所占比例将其方量剔除。

表 8-4 不同模型统计的受污染土方量 单位：m^3

插值模型	第 1 层受污染土方量	第 2 层受污染土方量	第 3 层受污染土方量	合计
3D-OK5	145127	72144	25916	243187
3D-OK10	144575	74629	28153	247357
3D-OK15	143292	74925	29800	248017
3D-OK20	143028	74665	30867	248560
IDW5	142596	82574	38232	263402
IDW10	141795	82265	35990	260050

续表

插值模型	第 1 层受污染土方量	第 2 层受污染土方量	第 3 层受污染土方量	合计
IDW15	142326	82941	35466	260733
IDW20	142684	84004	35301	261989
NN5	129736	58010	27633	215379
NN10	130428	59625	29375	219428
NN15	129609	61102	29983	220694
NN20	129583	62731	30520	222834

8.3.4　不同模型界定的 Pb 含量三维污染范围评价比较

不同的插值模型可以应用于该场地土壤 Pb 的三维污染分布表征，但不同模型的精度优势和插值效果不同。选用交叉验证法中常用的 RMSE 和 ME 2 个评价指标来分析不同模型的预测精度，RMSE 值越小，ME 值越接近 0，表明该模型插值结果精度越高。交叉验证结果见表 8-5，不同模型随着水平垂直向异性比值增大，其 RMSE 和 ME 都呈增大趋势。3D-OK5 的 ME 和 RMSE 最小，分别为 42.7mg/kg、221.5mg/kg；NN20 的 ME 和 RMSE 最大，分别为 89.7mg/kg、892.7mg/kg。总体上来看，3D-OK 模型在不同参数设置下的预测精度优势较为明显，其次是 IDW 模型，NN 模型预测精度最低。3D-OK 在预测过程中考虑了污染物含量的空间结构信息，虽具有一定的平滑效应，但基本上能较好地反映出污染物三维空间分布信息，IDW 模型和 NN 模型在插值过程中只依据数据的几何结构特征进行计算，不能反映出变量在空间上的变异特征，因此预测精度相对较低。

表 8-5　不同插值模型的交叉验证结果

插值模型	ME/（mg/kg）	RMSE/（mg/kg）
3D-OK5	42.7	221.5
3D-OK10	44.5	236.8
3D-OK15	46.3	247.9
3D-OK20	49.5	268.4
IDW5	54.7	318.2
IDW10	58.6	397.3
IDW15	59.1	445.6
IDW20	62.3	682.7
NN5	71.5	546.5
NN10	78.4	687.6

续表

插值模型	ME/（mg/kg）	RMSE/（mg/kg）
NN15	85.3	753.9
NN20	89.7	892.7

在对不同土层钻孔样点含量数据规范化以及预处理后，采用表 8-3 中的不同模型和设定的模型参数对数据集三维插值计算并进行污染制图和可视化表征。使用 3D-OK 模型前需要三维半变异函数的拟合，根据拟合后的最优理论模型进行三维空间分布预测。参照北京市住宅标准所规定的 Pb 含量值 400mg/kg，将不同模型的三维分布预测结果转化为栅格数据处理，将高于 400mg/kg 的区域界定为污染范围，最终形成的 Pb 含量空间分布如图 8-10 所示，不同三维模型以及同一模型不同参数预测的污染范围总体趋势相似，但局部区域有些差异。从表层预测的污染范围来看，3D-OK 模型预测局部高污染区域范围最大，其次是 NN 模型，IDW 模型预测的局部高污染区域范围较小。对预测结果进行不同方向上的切片处理可以看出，不同模型预测的表层土壤污染最为严重，其次是第 2 层和第 3 层，这与钻孔样点含量值的分布特征较为一致。IDW 模型随着水平垂直向异性比值增大，局部污染超标严重区域有增大趋势，表明污染空间分布预测结果受不同模型和模型参数的影响较大。污染超标严重区域是本场地风险评估和修复治理需要重点关注的位置，不同模型预测的污染超标范围分布较为相似，但污染超标严重区域主要分布在场地的中下部位置。结合该场地原厂区平面车间分布图以及生产工艺和历史生产活动可知，在厂区的中下部主要有铅堆放区，五车间和配件厂、二车间、一车间和四车间等生产或存储车间，在生产过程中涉及 Pb 的存储和使用，是产生土壤 Pb 污染的最主要原因；个别车间在生产、存储过程中的泄漏、遗撒等原因使得局部地区污染超标严重。场地土壤 Pb 污染程度从表层到底层基本为减小趋势，表明存留在土壤中的污染物分布规律受污染物在不同土层的迁移转化特征和污染源分布等因素影响。

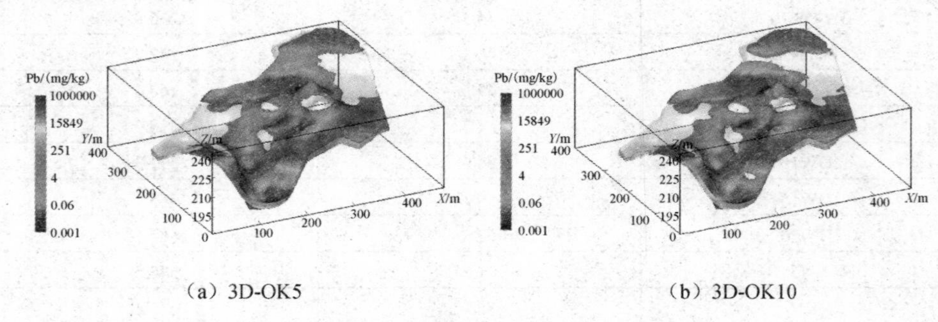

（a）3D-OK5　　（b）3D-OK10

图 8-10　场地土壤 Pb 含量空间分布

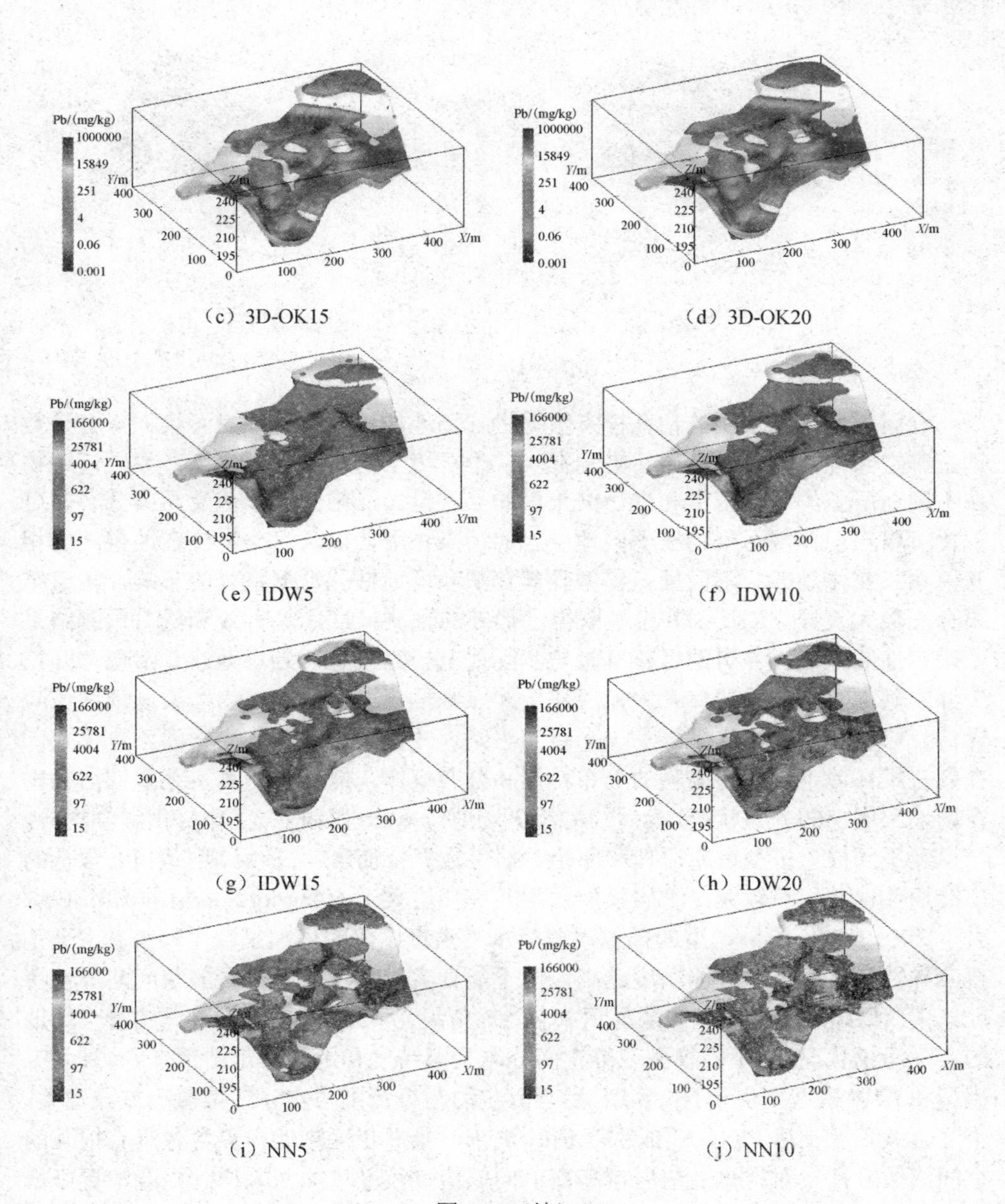

（c）3D-OK15　（d）3D-OK20

（e）IDW5　（f）IDW10

（g）IDW15　（h）IDW20

（i）NN5　（j）NN10

图 8-10（续）

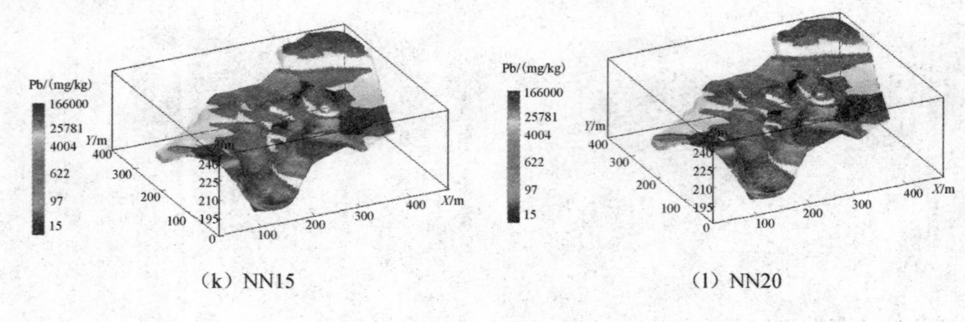

（k）NN15　　（l）NN20

图 8-10（续）

利用场地污染土壤的钻孔样点数据进行场地的地层建模并对污染样点含量数据三维空间插值，可以实现污染物在真三维环境下的污染分布表征，界定污染物在不同地层上的污染范围和受污染土壤的土方量。三维空间插值及污染分布的可视化可以直观体现污染物在不同地层上的污染特征，以及污染特性在地层间的相互关系和变化规律。不同插值模型受其算法和场地钻孔数据特征的影响，插值结果存在较大差异。Krig-3D 模型取得了最高的预测精度，能有效降低对预测结果不确定性的影响。界定的污染范围与实际情况较为接近，为场地修复治理和开挖边界的确定提供了重要参考。地层建模和三维插值可视化技术为污染场地的风险评估、修复治理等工作提供了一个新的思路，改变了传统的二维平面工作模式，在真三维环境下揭示污染物的分布特征和分布规律，能够更为真实地掌握污染物在场地土壤中的分布状况，为后续的污染场地修复治理等相关工作提供科学指导。

受不同插值模型适用原理和原始数据集数据特征影响，该场地土壤 Pb 含量的三维插值误差相对较大，不同模型预测的 ME 均大于 40mg/kg，插值的 RMSE 均大于 200mg/kg。不同模型的插值误差随水平垂直比值的增大呈增大趋势。水平垂直向异性比值越小，预测精度越高，但不能真实反映污染物含量的空间向异性特征。从预测结果的切片和揭层显示来看，比值设为 15 时，预测结果比较符合场地的实际污染状况。从不同模型三维空间分布预测精度和污染评价结果来看，3D-OK 模型和 IDW 模型要优于 NN 模型，后者界定的污染范围与实际污染情况差异较大，不适合该场地土壤 Pb 的三维污染评价。局部污染严重区域的样点含量具有很强的空间离散特征，对样点高值区域和高值向低值过渡区域加密采样，则能够更好地反映污染物空间向异性特征，以提高污染物空间分布预测精度和更准确界定污染分布范围。

第9章

非规则地形污染场地土壤中PAHs污染模式及分布特征

有机化工企业场地是城市中遗留的主要污染场地类型之一(郭观林等,2010),该类型场地土壤的污染过程和污染特征复杂（阳文锐等，2008），环境风险评估以及风险管理难度较大（李春平等，2013）。目前，国内主要针对农药、石油化工、有机溶剂等类型化工场地（钟茂生等，2013），从污染物分布特征、环境风险识别、健康风险评价等方面开展了相关研究（房吉敦等，2013；韩春媚等，2009；焦文涛等，2009；刘志全等，2006）。识别不同组分污染物样点在空间上集聚特征以及获取污染物空间分布规律是构建场地概念模型、场地风险评估和修复治理决策制定的基础。场地土壤中污染物分布具有很强的空间离散性，局部区域有污染的“热点区”（王琪等，2007；Chen et al.，2006）。对于规则性地形的场地土壤样点数据集，可以采用多元统计分析、趋势分析和空间自相关分析等方法来判别样点在空间上的相互关系以及集聚特征（Wang et al.，2007），能够对土壤中污染物进行源解析、判别污染成因以及污染的空间变异性。在场地土壤污染物空间分布表征上，常采用确定性插值模型或者地统计学模型来进行污染空间分布制图和污染土方量估算，现有模型由于其适用原理和对数据特征的要求，难以精确描述场地中重点关注的高污染和较强变异区域污染物分布特征，相关学者在模型扩展、数据拆分以及空间模拟等方面进行了研究(Liu et al.,2013;Kamaruddin et al.,2011;Robinson et al.，2006；McGrath et al.，2004），以提高污染物空间分布预测的精度，而对于非规则性场地空间变异性特点与数据集之间的关系却鲜有研究。

非规则地形的场地受地形特征影响,生产工艺和车间依照不同地形进行布局,污染物在不同地形区域内的分布规律和空间变异性同规则地形污染场地不同，现有研究在分析场地样点含量集聚特征和污染物空间分布规律时，是将场地所有采样点作为一个单变量来处理的，因此所使用的方法分析非规则地形场地不同区域内不同组分样点含量这种多变量数据集时，具有一定的局限性。对于该类型场地样点含量数据集特征，采用多变量多元统计分析方法可以揭示不同地形区域内样点的空间组合及分离特征；地统计学空间预测模型在插值计算时考虑污染物空间结构和位置信息，能够用来表征场地污染物空间分布规律和变异特征。本研究以非规则地形有机化工污染场地为研究对象，基于分区采样的思路，采用多元统计分析中的主成分分析和地统计空间插值方法，揭示不同区域内样点含量集聚特征和污染物空间分布规律，以期为该类型场地概念模型构建和修复治理决策制度提供依据。

9.1 场地概况与样品采集分析

本书选择的非规则地形有机化工厂创建于 20 世纪 50 年代，占地面积约 $20hm^2$，主要以精苯和混苯、工业萘等为原材料，生产苯酚、苯酐等产品。厂区地势西北高东南低，地面标高为 230～280m，南距长江约 250m。厂区中部为原生产区域，其东南部分为苯酚车间区及精苯车间区，西北端为苯酐车间区，东北部分为古马隆车间区、堆煤区及总排污口等。该场地污染物排放主要有生产精苯过程中产生的挥发性和半挥发性气体、油水分离后产生的废水、生产过程中产生的固体废物以及无组织排放的其他污染物。据工程地质测绘及钻探揭露，场区地层土层为第四系全新统素填土（$Q4^{ml}$）、残坡积粉质黏土层（$Q4^{el+dl}$），基岩为侏罗系中统沙溪庙组（J_2s）砂岩、泥岩。该有机化工场地地形起伏较大，高低落差约有 50m。

根据该场地地形特征，结合原厂区车间布局，将该场地划分为西部（A 区）、东南（B 区）和东北（C 区） 3 个分区，在每个分区内根据污染源分布，按照判断布点的原则进行布点。西部区域主要包括苯酐车间、仓库、中心试验室等，采集样点 34 个；东南区域包括精苯车间区及苯酚车间区等，采集样点 32 个；东北区域包括原煤渣堆放区、古马隆车间区、总排污口等，采集样品 25 个。场地地形特征及样点分布如图 9-1 所示，A 区和 B 区地形较高，是该有机化工厂的生产核心区，车间、仓库、罐槽众多；C 区地势较低，容易汇集 A、B 区扩散的污染物质。

现场采样时利用全站仪对样点进行定位，对点位做出标记，按照预先设定的点位，采用 Geoprobe 钻机的方法进行土壤样品采集，每个样点的钻孔深度为 0.5～12m 不等。将对钻孔取出的土样立即装入专用土壤样品密封保存瓶中，贴上标记标签后，放入保持恒温 4℃的保温箱中，样品采集完毕后，立刻送回实验室进行化验分析。对采集的土壤样品进行挥发性和半挥发性有机污染物检测，样品化验参照 US EPA 8270D 和 US EPA 8260B 中的实验方法，采用气相色谱与质谱联用仪（GC-MS）进行分析。

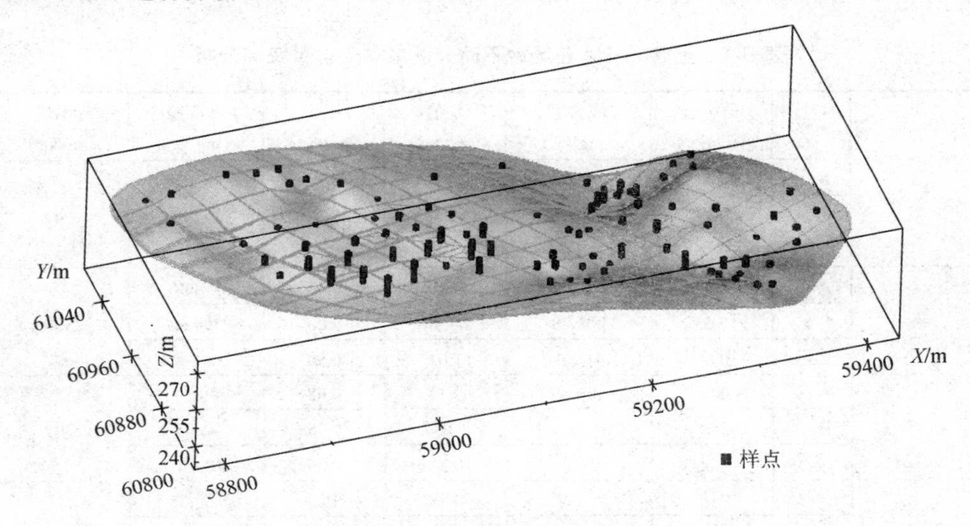

图 9-1　厂区地形特征和采样点位置

9.2　场地土壤中污染物含量特征

9.2.1　不同分区土壤中 PAHs 含量

该场地经过几十年的生产活动，场地土壤中受到 PAHs 的污染。对场地 3 个分区中采样点 PAHs 含量进行统计分析，见表 9-1，14 种 PAHs 均含有真实高值点，含量的极差较大，最大值超过展览会用地土壤环境质量评价标准值的数十倍甚至上百倍，污染物在场地中具有较强的离散特征。对不同组分 PAHs 的最大值分析发现，A 区和 B 区中的最大值明显高于 C 区，A 区包含苯酐车间、仓库、中心试验室等；B 区包含精苯车间区及苯酚车间区，是该有机化工场地生产的核心区域，车间、仓库、罐槽众多，在生产过程中原材料以及生产成品所发生的“跑、冒、滴、漏”等现象是产生污染热点区的主要原因；C 区包含煤渣堆放区、总排污口、煤棚及锅炉房等，没有涉及原材料的储存和产品的生产，该区域位置较低，容易受到 A、B 区域扩散的物质污染，C 区在总排污口等局部区域样点含量超标较高。每种 PAHs 在 3 个分区中的中值均小于平均值，表明样点含量数据集的分布特征受高值样点的影响，数据集均不符合正态分布，存在右偏尾的偏斜特征。萘、菲、芴 3 种污染物在 B 区中的最大值高于 A 区，而其他污染物的最大值均低于 A 区，表明该场地局部强污染特征与污染源、生产工艺、车间布局等有密切关系。

表 9-1　土壤 PAHs 在场地不同分区中样点含量统计分析

PAHs	分区	最小值 /(mg/kg)	最大值 /(mg/kg)	均值 /(mg/kg)	中值 /(mg/kg)	标准差 /(mg/kg)	标准值 /(mg/kg)
萘	A 区	0.05	385.00	32.16	0.30	86.51	54
	B 区	0.05	1480.00	95.16	0.20	347.67	
	C 区	0.05	123.00	15.85	1.30	35.88	
菲	A 区	0.05	775.00	35.48	0.40	154.36	2300
	B 区	0.05	878.00	48.90	0.08	206.92	
	C 区	0.05	4.90	1.04	0.50	1.34	
蒽	A 区	0.05	205.00	9.33	0.05	40.84	2300
	B 区	0.05	195.00	10.89	0.05	45.95	
	C 区	0.05	1.40	0.31	0.05	0.41	
荧蒽	A 区	0.05	907.00	43.66	0.20	180.63	310
	B 区	0.05	518.00	29.05	0.20	122.03	
	C 区	0.05	8.70	1.65	0.20	2.53	
芘	A 区	0.05	688.00	34.04	0.20	137.17	230
	B 区	0.05	323.00	18.19	0.15	76.07	
	C 区	0.05	9.10	1.57	0.20	2.54	
苯并 [*a*] 蒽	A 区	0.05	319.00	16.08	0.10	63.67	0.9
	B 区	0.05	209.00	11.74	0.08	49.23	
	C 区	0.05	7.00	1.13	0.10	1.91	
䓛	A 区	0.05	325.00	17.28	0.10	65.21	9
	B 区	0.05	174.00	9.85	0.13	40.97	
	C 区	0.05	7.60	1.44	0.20	2.14	
芴	A 区	0.05	133.00	6.13	0.05	26.48	210
	B 区	0.05	327.00	18.29	0.05	77.05	
	C 区	0.05	18.50	1.37	0.10	4.74	
苯并 [*b*] 荧蒽	A 区	0.05	381.00	20.17	0.20	76.35	0.9
	B 区	0.05	155.00	8.84	0.13	36.48	
	C 区	0.05	11.60	1.99	0.30	3.19	
苯并 [*k*] 荧蒽	A 区	0.05	120.00	6.39	0.10	24.07	0.9
	B 区	0.05	79.60	4.51	0.05	18.74	
	C 区	0.05	2.60	0.57	0.05	0.79	

续表

PAHs	分区	最小值 /（mg/kg）	最大值 /（mg/kg）	均值 /（mg/kg）	中值 /（mg/kg）	标准差 /（mg/kg）	标准值 /（mg/kg）
苯并［*a*］芘	A 区	0.05	364.00	19.19	0.10	72.94	0.3
	B 区	0.05	156.00	8.86	0.10	36.72	
	C 区	0.05	7.60	1.31	0.20	2.13	
茚并［1,2,3-*cd*］芘	A 区	0.05	283.00	14.38	0.05	56.45	0.9
	B 区	0.05	102.00	5.81	0.05	24.01	
	C 区	0.05	4.40	0.84	0.10	1.29	
二苯并［*a,h*］蒽	A 区	0.05	53.10	2.84	0.05	10.62	0.33
	B 区	0.05	35.70	2.04	0.05	8.40	
	C 区	0.05	1.50	0.27	0.05	0.41	
苯并［*g,h,i*］芘	A 区	0.05	260.00	13.14	0.05	51.85	230
	B 区	0.05	89.70	5.11	0.05	21.11	
	C 区	0.05	4.40	0.79	0.10	1.26	

9.2.2　场地不同分区及不同土层土壤中 PAHs 残留特征

场地土壤中 PAHs 在不同分区以及不同层中的残留特征如图 9-2 所示，总体来看，在整个场地中萘、菲、荧蒽、芘赋存量较大，二苯并［*a,h*］蒽、苯并［*k*］荧蒽赋存量较小；其他组分 PAHs 总量较为接近。不同组分 PAHs 的毒性不同，如毒性大且致癌风险高的苯并［*a*］芘，参照中国展览会用地土壤环境质量评价标准 A 级限值中的 0.3mg/kg，其在场地 A、B、C 区采样点中赋存总量达到 480.45mg/kg、160.2mg/kg 和 20.1mg/kg，总量达到 660.75mg/kg，表明该场地已受到严重污染，存在很大的环境风险。从单组分污染物在不同分区中的分布来看，除萘菲和芴在 B 区中含量较大，蒽在 A 区和 B 区含量基本一致外，其他组分污染物在 A 区中的总含量明显高于 B 区，C 区含量最小，表明 A 区受到的 PAHs 污染最为严重，C 区受到污染相对较轻。结合不同分区中污染物样点含量来看，A 区中检测出的超标样点最多，基本覆盖整个生产区域；B 区超标样点略低于 A 区，主要集中在该区西北部的精苯车间、苯酚车间等；C 区污染物检出样点超标率最低，且不同污染物样点含量相对较低，超标样点以及高值点相对集中，主要位于污水池及总排污口附近，为 C 区的重点污染区域。从分层情况来看，PAHs 总量以及不同 PAHs 含量第 1 层～第 3 层呈下降趋势，污染物含量主要赋存在表层土壤中，表明污染物在场地土壤中没有明显的迁移特征。在表层土壤中，萘在 C 区的总量高于其他两个分区，菲和蒽的总量在 A 区和 C 区中较为接近，其他 11 种污染物在 A 区中的总量是 C 区的 2～3 倍。在第 2 层和第 3 层土壤中，除了萘之外，其他 13 种 PAHs 在 A 区中的总量高于另外两个分区，表明场地 A 区土壤中 PAHs 污染较为严重。

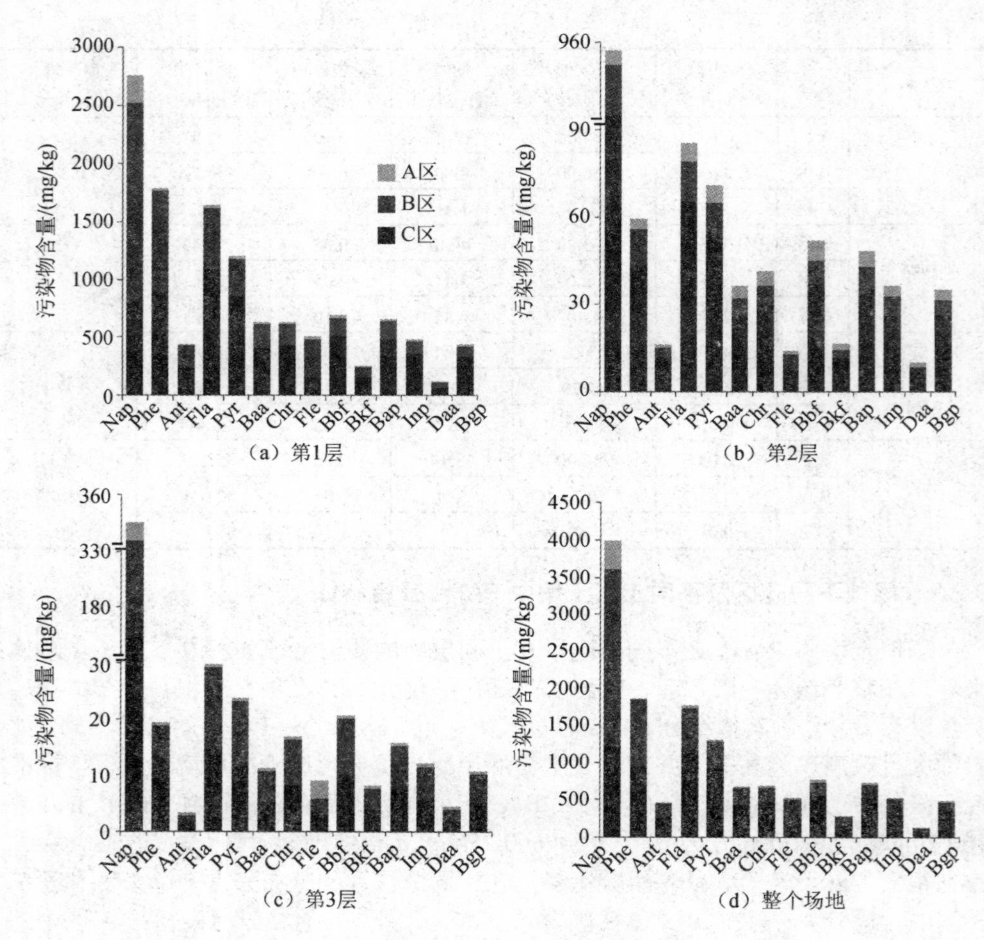

图 9-2 场地土壤中 PAHs 在不同分区以及不同层中的残留特征

9.3 场地土壤中污染物污染模式及空间分布规律

9.3.1 不同分区中污染物样点分布的主成分分析

基于不同区域样点的污染物含量信息来构建多变量统计模型，可以表征不同样点之间不同组分污染物含量的关系，同时也可以分析和揭示潜在的特征污染物以及场地不同分区样点中不同组分污染物的变异和空间聚集特征。本研究采用主成分分析的方法分析采样点在 3 个区域内的分布关系以及确定不同区域内特征污染物的类型和程度。将 PAHs 样点含量作为第一主成分，将 A、B、C 3 个分区作为第二主成分，在使用主成分模型进行初步分析时，样点 S12、S41、S102 被识别为模型中的异常值，其中 S12、S41 具有强变异特征，S102 具有中等变异特征。通过前面分析可知，该 3 个样点为场地中异常真实高值点，只反映局部强污染特征，为保证模型应用的有效性，在进行主成分分析时将该 3 个样点进行剔除处理。另外，由于部分样点不同组分 PAHs 含量仅有检出，没有超出规定标准，因此为方便制图，对个别只超过检出限的样点未进行制图分析。结果显示，第一主成分解释了总变异的 87%，第二主成分解释了总变异的 7%，第一和第二主成分的预测精度分别为 81%和 76%，表明对本研究中多变量的主成分分析效果较好。主成分分析后样点在不同分区中的分离和聚集特征如图 9-3 所示。尽管不同区域内的样点数量及样点间距不同，但不同区域间以及同一区域内的样点具有较好的分离和聚合特征，同一区域内的样点具有一定的相关性，表明分区采样的样点基本能反映出不同区域的污染特征。将两个主成分的得分及载荷结合分析可以看出，苯并［*a*］芘与 3 个分区有正相关特征，苯并［*b*］荧蒽、苯并［*k*］荧蒽、苯并［*a*］蒽、茚并［1,2,3-*cd*］芘、二苯并［*a,h*］蒽、苯并［*g,h,i*］苝等污染物与 A、B 分区有正相关特征，萘与 B 区和 C 区有明显的正相关特征，表明不同分区内污染物类型和污染程度与污染来源以及地形特征有密切关系。

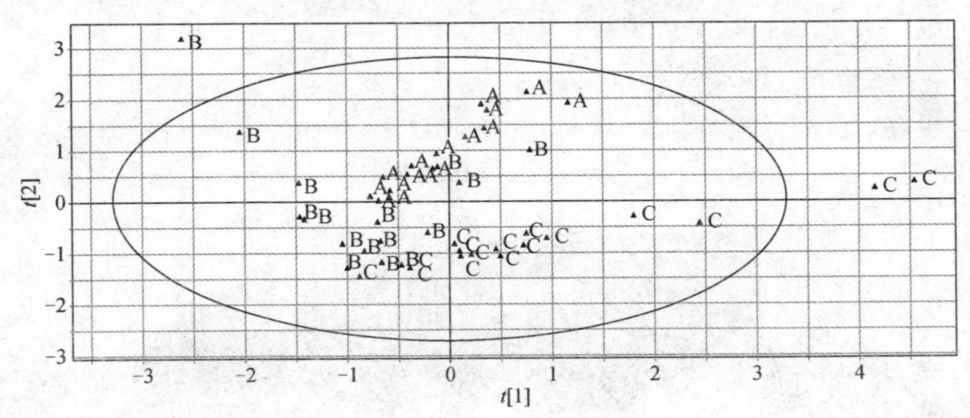

图 9-3　样点在不同分区中的分离和聚集特征

9.3.2　场地土壤中特征污染物空间分布特征

本研究以毒性大且致癌性强的 Bap 为例，基于三维克里格插值模型进行空间分布特征和受污染土方量计算研究，在插值过程中采取 2 种思路，一是考虑地表高程差，二是直接基于钻孔数据不考虑高程差来进行计算（图 9-4）。图 9-4 显示 Bap 污染严重区域主要分布在场地 A 区的中上部和 C 区的中部区域。该场地 PAHs 污染主要有原材料存储，生产过程中产生的废气、废水和固体废物中所包含的烃类污染物，原材料粗苯中含有一定量的苯并［a］芘，在精苯车间生产过程中“跑、冒、滴、漏”现象较为严重，因此部分区域苯并［a］芘污染较为严重，在局部污染严重区域形成了“热点区”。在利用粗苯生产精苯过程中产生含低沸点烃类和苯并［a］芘，油水分离后的废水也含有低沸点烃类和苯并［a］芘，经大气挥发后降落以及废水的无序排放造成苯并［a］芘在整个场地中均有分布。两种插值方法计算结果显示，污染物在整个地层中的污染趋势较为相似，污染严重区域主要分布在表层的A区的中上部和C区的中部区域，第2层和第3层污染程度依次降低。

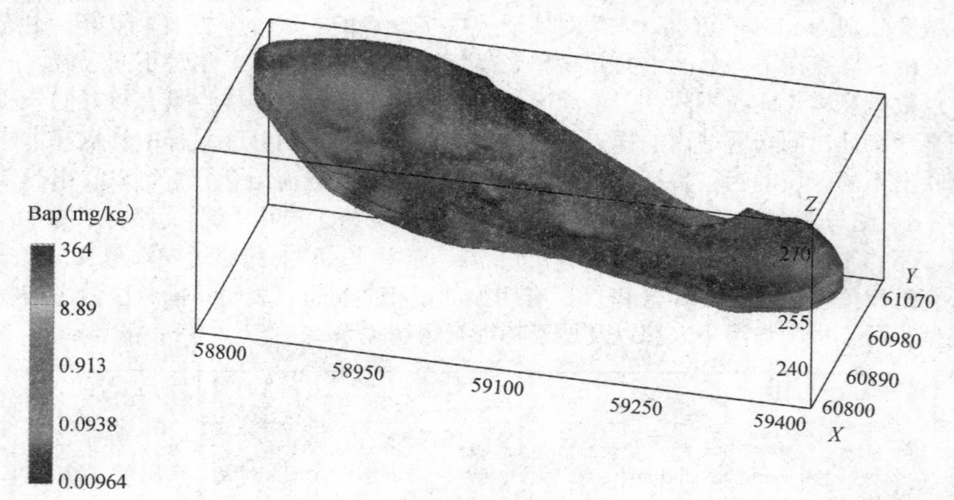

（a）未考虑地表高程差

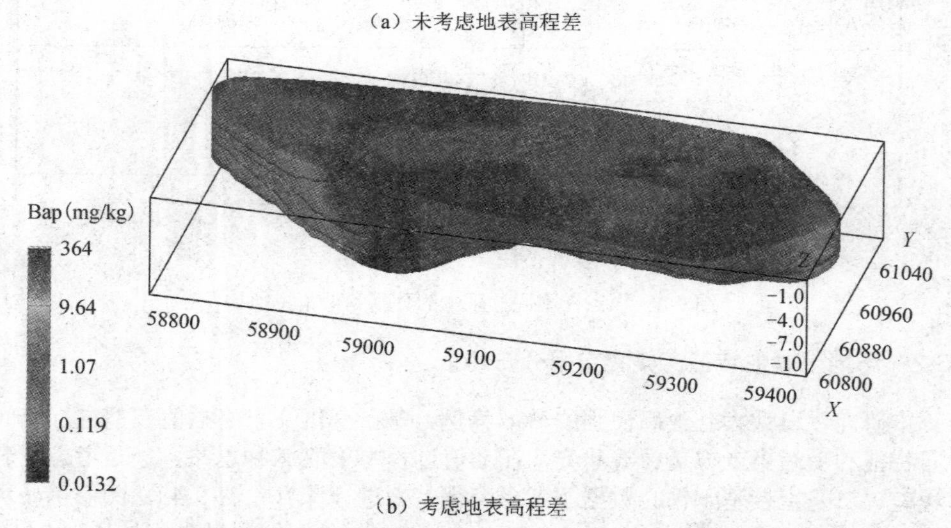

（b）考虑地表高程差

图9-4　不同插值方法对土壤Bap污染的三维空间分布预测

在计算受污染土方量时，除采用上述 2 种三维插值方法外，同时还分层采用了二维插值方法进行计算，二维插值方法同样分为考虑和未考虑地表高程差，二维插值方法计算每层的受污染范围，根据地层厚度来计算整个场地的受污染土方量。4 种插值方法计算的受污染土方量见表 9-2，计算结果显示，不同插值模型计算的受污染土方量有明显差异，总体来看，二维插值模型计算结果高于三维插值模型计算结果，这是因为二维插值模型在计算过程中没有考虑到污染物在不同地层中的空间异质性特征，因此采用临界值界定的污染范围乘以地层厚度来计算受污染土方量过大，该方法不适用于工业污染场地受污染土方量的界定。三维插值模型在计算过程中将整个地层视为一个整体，考虑了污染物空间异质性特征，其计算结果精度要高于二维插值模型。传统的三维插值模型在计算时基于分层的地层数据来构建三维体，没有考虑到不规则地形情况，从本研究结果来看，两种三维插值模型计算的土方量相差 $4346m^3$，顾及非规则地形特征的计算结果更符合实际情况。

表 9-2 不同模型计算土壤中 Bap 受污染土方量

模型	受污染土方量/m^3
三维插值：考虑地表高程差	131019
三维插值：未考虑地表高程差	135365
二维插值：考虑地表高程差	142741
二维插值：未考虑地表高程差	146783

对不同分区不同组分污染物样点含量统计分析表明，3 个分区中污染物赋存特征和总量不同，A 区污染较为严重，B 区次之，C 区污染相对较轻。高值样点主要分布在 A 和 B 区。多变量多元统计分析结果显示，样点含量在同一区域内和不同区域间有较好的聚集与分离特征。特征污染物空间分布表征结果显示，不同污染物空间分布趋势相似，但细部特征略有差别，A 区和 B 区污染物超标范围较大，整个场地中苯并［a］芘污染最为严重，已产生严重的环境健康危害，在改变该场地土地利用类型时，需要对该场地进行修复治理。对于非规则地形的污染场地，对场地按地形特征分区后再进行判断布点采样，可以有效表征场地不同区域内土壤受污染特征，提高了采样工作效率。不同区域内污染物分布特征与污染程度分析表明，土壤中污染物的累积主要受污染源分布以及生产工艺的影响。

第 10 章

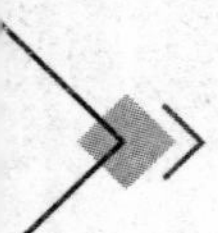

工业污染场地土壤污染空间分布规律

本研究选择大型工业污染场地为研究对象，通过现场实地调查和污染土壤样点采集，获取样点含量检测数据，在此基础上运用多元统计分析及空间特征分析手段研究了样点含量数据的统计及空间特征，研究了 PAHs 在场地中污染概率分布状况，比较了不同插值模型对空间分布预测结果的精度，并界定了特征污染物在场地中的污染范围，评价插值预测结果的不确定性因素和不确定性区域。基于钻孔样点数据和地质建模系统，对污染物在不同地层的真实三维分布进行了三维可视化表征。本研究通过对工业污染场地土壤污染物空间分布规律的研究，得出以下主要结果和结论：

1）对某焦化企业污染场地样点含量数据描述性统计分析结果表明，污染物样点含量数据严重偏斜，正态分布直方图显示有很强的右偏尾现象，不符合正态分布特征。采用平均值加 4 倍标准差法对异常值识别，每种污染物均含有异常真实高峰值，达到数据均值或中值的几十倍甚至数百倍，这些异常真实高值是数据产生严重偏斜的主要原因。多元统计分析可以对 16 种 PAHs 进行相关性分析和源解析的判别，在提取的第一主成分上，高环单体有较大的载荷；在第二主成分上，低环单体有较大的载荷，PAHs 样点最大值较高的均为低环单体。趋势分析结果表明，污染物在场地中东西和南北方向上都具有一定的趋势效应，说明污染物在场地中的累积受污染来源的影响。采用 Voronoi 方法，通过分析样点与相邻样点的相似性来判别土壤 PAHs 含量局部变化特征，污染物在场地中的变异程度都较强，空间变异系数总体分布较为相似，空间变异系数在场地的中部、西北及西南局部区域变异值较高，其他区域变异系数则低。局部变异系数较大的地方，也是将来加密采样和其他相关工作重点关注的区域。

2）对异常真实高值的识别还难以反映场地中污染的热点区域，本研究采用空间自相关分析理论揭示污染物在场地中的聚集特征和热点区的识别。从全局空间自相关分析结果可以看出，土壤 PAHs 在空间上并不是单纯随机现象，而是具有显著的空间自相关特征，同时具有聚集和孤立现象。所研究的 PAHs 都存在高-高、高-低、低-高、低-低 4 种空间聚集现象，高-高值区域代表土壤中污染物的热点区域，即在这些分布区域的采样点中具有较高含量值的样点周围同样被高值点包围，主要分布于场地的中下部区域，在西南和东南区域存在低-低值区域，而高-低、低-高值分布没有明显的规律。从热点区识别的结果可以看出，该场地污染情况较为严重，热点区的识别对提高场地污染环境调查以及后续的修复治理工作都具有重要的意义。

3）针对样点含量数据高偏倚性的数据特征，采用非参数地统计学中的指示克里格方法，以北京市污染场地土壤筛选值所规定的标准为设定污染阈值，对污染物在场地中的空间分布进行概率分析并绘制在设定阈值条件下的概率分布图。原始样点含量数据通过指示转换后，可以获取较为稳健的指示半变异函数。将概率预测结果转化为栅格数据，通过栅格计算的方法可以统计不同概率区间的污染分布面积，对 PAHs 的概率分布进行风险评价。PAHs 超过各自阈值的污染概率具有相似的规律，从总体上看，概率超过 35%的区域主要分布在焦化厂区的中部以及西北、东南区域，而在西南、东北区域概率<35%。指示克里格法通过对样点数据的指示转换，可以部分降低对极大值的平滑作用，比普通克里格具有一定的优势。

4）通过采样平均值加 4 倍标准差法来确定异常高值点，将其单独提取并用能最大限度反映局部变异性的三角网格插值法对其空间预测，拆分后不含高值点的样本数据特征符合对数正态分布，使用对数克里格模型进行预测，将两部分插值结果叠加在一起，形成研究区的空间分布最终预测结果。将组合预测结果与反距离加权模型和 Johnson 正态变换+普通克里格模型预测的结果相比较，结果显示反距离加权模型和 Johnson 正态变换+普通克里格模型预测精度较低，前者确定的污染范围过大，而后者确定的污染范围过小，预测结果存在较大的不确定性。明显不适合该焦化污染场地 PAHs 的空间分布预测与制图，而拆分后的组合预测模型能够取得较好的效果，基本能够解决高偏倚数据空间分布预测的问题。

5）本研究基于污染范围预测图创建预测标准误差图，来量化污染范围界定的误差，描述组合预测模型预测结果的不确定性。通过预测标准误差图，可以对所创建表面中每个位置的不确定性进行量化，在预测标准误差表面内，采样点附近位置的误差很小，预测标准误差大的区域主要集中在样点较为稀疏的右上位置和有高值点部分的中下部区域。为进一步明确预测结果不确定性的区域，将污染预测图与预测标准误差图转成栅格进行数学计算，将预测值与误差值之差大于 0.4mg/kg 的区域界定为污染区域，将预测值与误差值之和小于 0.4mg/kg 的区域界定为未污染区域，其他为不确定区域，不确定区域主要分布在样点稀疏以及高值向低值过渡区域。

6）基于地质建模系统和土壤钻孔样点数据，通过构建三维地层模型，可以快速获取不同地层的分布状况和分布规律，加强对场地地质特征的认识，同时也可以辅助分析污染物在不同地层的分布和迁移规律。采用传统的三维插值模型以及在三维插值计算时综合污染物空间向异性结构特征的研究结果表明，三维空间分布预测计算能够界定污染物在不同地层中基于规定临界值的污染范围和受污染土壤的土方量。三维空间插值及污染分布的可视化可以直观体现污染物在不同地层上的污染特征，以及污染特性在地层间的相互关系和变化规律。

本研究虽然取得了一些新的进展，但是工业污染场地的环境调查、风险评估、污染物空间分布范围界定、空间分布规律揭示等相关工作还处于起步阶段，且理论基础和技术储备都尚待完善，构建具有普适性和体系完善的工业污染场地空间分布表征模型系统还有一定困难。由于本人能力和水平有限，在研究过程中还有一些问题需要深入和完善：

1）污染场地中污染物空间分布范围的界定、污染分布表征以及不确定性评价对污染场地的环境管理具有重要的现实意义。从最初的采样布点方案、实验室化验分析以及空间预测模型的选择，整个环境调查流程都会对污染物空间分布预测结果产生不确定性影响。受采样成本的限制，本研究重点关注了空间插值模型对预测结果的不确定性影响，在后续的研究中，还应补充研究采样布点方案、采样点数量对预测结果的不确定性影响。

2）每种插值模型都有各自的适用范围，并且每种插值模型都有很多的参数设置，同一种插值模型设置不同的参数，都会产生不同的结果。例如，本研究中的指示克里格模型，在设置阈值时只比较了中值和污染阈值的区别，反距离加权模型预测中的参数也都基于常用的经验参数。在后续工作中，还应比较不同参数设置对预测结果的不确定性影响，以进一步提高污染物空间分布预测的精度。

3）本研究基于污染预测图创建了预测标准误差图，将预测值与误差值之差大于规定标准的区域界定为污染区域，将预测值与误差值之和小于规定标准的区域界定为未污染区域，其他为不确定区域，虽然能够在污染预测图上量化出污染预测的不确定性区域，但该方法界定的结果还应该进一步通过补充采样进行验证。污染范围界定的精确与否对场地修复治理有重要影响，有必要精确界定污染范围并进行验证。

4）本研究在对样点含量数据进行多元统计分析、空间插值计算、污染评价制图以及三维可视化表达过程中，虽借助了多款应用成熟的软件系统，但还没有专门针对污染土壤空间插值计算及污染评价的软件。不同的软件都有各自的数据格式要求和一定的应用难度，在实际应用过程中，部分降低了工作效率，因此，有必要开发出专门针对污染土壤评价制图且应用简单、界面友好的专业软件。

参考文献

北京市环境保护局，北京市地质工程勘察院，2005．北京市生活垃圾填埋场污染风险评价报告[R]．

毕华兴，李笑吟，刘鑫，等，2006．晋西黄土区土壤水分空间异质性的地统计学分析[J]．北京林业大学学报，28（5）：59-66．

陈道贵，胡乃联，李国清，2009．区域化变量非正态分布的稳健性[J]．北京科技大学学报，31（4）：412-417．

陈辉，张广鑫，惠怀胜，2010．污染场地环境调查的土壤监测点位布设方法初探[J]．环境保护科学，36（2）：61-64．

陈景辉，卢新卫，翟萌，2011．安城市路边土壤重金属来源与潜在风险[J]．应用生态学报，22（7）：1810-1816．

陈天恩，陈立平，王彦集，等，2009．基于地统计的土壤养分采样布局优化[J]．农业工程学报，25（S2）：49-55．

陈修康，张华俊，顾继光，等，2012．惠州市3座供水水库沉积物重金属污染特征[J]．应用生态学报，23（5）：1254-1262．

陈志强，陈健飞，陈松林，2005．基于SOTER的漳浦样区土系主要理化性状空间自相关分析[J]．福建师范大学学报（自然科学版），21（3）：78-83．

程荣进，张思冲，周晓聪，等，2009．大庆城郊湿地沉积物重金属污染及聚类分析[J]．中国农学通报，25（2）：240-245．

董敏，王昌全，李冰，等，2010．基于GARBF神经网络的土壤有效锌空间插值方法研究[J]．土壤学报，147（1）：42-47．

杜德文，马淑珍，陈永良，1995．地质统计学方法综述[J]．世界地质，14（4）：79-84．

房吉敦，杜晓明，李政，等，2013．某复合型化工污染场地分地层健康风险评估[J].环境工程技术学报，3（5）：451-457．

郭观林，王世杰，施烈焰，等，2010．某废弃化工场地VOC/SVOC污染土壤健康风险分析[J]．环境科学，1（2）：397-402．

郭观林，王翔，关亮，等，2009．基于特定场地的挥发/半挥发有机化合物（VOC /SVOC）空间分布与修复边界确定[J]．环境科学学报，29（12）：2597-2605．

郭旭东，傅伯杰，陈利顶，等，2000．河北省遵化平原土壤养分的时空变异特征：变异函数与Kriging插值分析[J]．地理学报，55（5）：555-566．

国家环境保护总局，2005．典型区域土壤环境质量状况探查研究技术报告[R]．

国家环境保护总局，2002．我国城市垃圾处理设施调研报告[R]．

韩春媚，李慧颖，杜晓明，等，2009.化工污染场地土壤不饱和区典型氯代烃化合物的垂向分布特征[J].北京师范大学学报（自然科学版），45（5/6）：636-641．

洪国志，胡华颖，李郇，2010．中国区域经济发展收敛的空间计量分析[J]．地理学报，（12）：1548-1558．

侯景儒，1990．指示克立格法的理论及方法[J]．地质与勘探，26（3）：28-36．

侯景儒，1997．中国地质统计学（空间信息统计学）发展的回顾与前景[J]．地质与勘探，33（1）：53-58．

胡克林，李保国，吕贻忠，等，2004．非平稳型区域土壤汞含量的各种估值方法比较[J]．环境科学，25（3）：132-137．

胡新涛，朱建新，丁琼，2012．基于生命周期评价的多氯联苯污染场地修复技术的筛选[J]．科学通报，57（z1）：129-137．

胡以锵，1991．地球化学中的多元统计分析[M]．武汉：中国地质大学出版社．

黄瑾辉，李飞，曾光明，等，2012．污染场地健康风险评价中多介质模型的优选研究[J]．中国环境科学，32（3）：556-563．

黄智刚，李保国，胡克林，2006．丘陵红壤蔗区土壤有机质的时空变异特征[J]．农业工程学报，22（11）：58-63．

霍霄妮，李红，孙丹峰，等，2009．北京耕作土壤重金属含量的空间自相关分析[J]．环境科学学报，29（6）：1339-1344．

姜成晟，王劲峰，曹志冬，2009．地理空间抽样理论研究综述[J]．地理学报，64（3）：368-380．

焦文涛，吕永龙，王铁宇，等，2009.化工区土壤中多环芳烃的污染特征及其来源分析[J].环境科学，30（4）：1166-1172．

李保国，胡克林，黄元仿，2001．区域浅层地下水硝酸盐含量评价的指示克立格法[J]．水利学报，32（3）：1-5．

李本纲，冯楠，陶澍，2007．天津表土DDT浓度的空间插值方法研究[J]．农业环境科学学报，26（5）：1624-1629．

李春平，吴骏，罗飞，等，2013．某有机化工污染场地土壤与地下水风险评估[J].土壤，45（5）：933-939.
李德仁，龚健雅，朱欣焰，等，1998．我国地球空间数据框架的设计思想与技术路线[J]．武汉测绘科技大学学报，23（4）：297-303．
李德仁，关泽群，2003．空间信息系统的集成与实现[M]．武汉：武汉大学出版社．
李广贺，李发生，张旭，等，2010．污染场地环境风险评价与修复技术体系[M]．北京：中国环境科学出版社：10-11．
李建辉，李晓秀，张汪寿，等，2011．基于地统计学的北运河下游土壤养分空间分布[J]．地理科学，31（8）：1001-1006．
李天生，周国法，1994．空间自相关与分布型指数研究[J]．生态学报，14（3）：327-331．
廖桂堂，李廷轩，王永东，等，2007．基于GIS和地统计学的低山茶园土壤肥力质量评价[J]．生态学报，27（5）：1978-1986．
刘付程，史学正，于东升，等，2004．基于地统计学和GIS的太湖典型地区土壤属性制图研究：以土壤全氮制图为例[J]．土壤学报，41（1）：20-27．
刘庚，毕如田，张朝，等，2013．某焦化场地苯并（a）芘污染空间分布范围预测的不确定性分析[J]．环境科学学报，33（2）：587-593．
刘庚，郭观林，南锋，等，2012．某大型焦化企业污染场地中多环芳烃空间分布的分异性特征[J]．环境科学，33（12）：4256-4262．
刘江生，王仁卿，戴九兰，等，2008．山东省黄河故道区域土壤环境背景值研究[J]．环境科学，29（6）：1699-1704.
刘金义，刘爽，2004．Voronoi 图应用综述[J]．工程图学学报，25（2）：125-132．
刘敏，马运，2010．典型污染场地中滴滴涕浓度空间变异性研究[J]．环境污染与防治，32（11）：12-17．
刘全明，陈亚新，魏占民，等，2009．土壤水盐空间变异性指示克立格阈值及其与有关函数的关系[J]．水利学报，40（9）：1127-1134．
刘志全，李丽和，李秀金，等，2006.石油化工污染土壤中萘的生态风险评价[J].中国环境科学，26（6）：746-750.
路鹏，彭佩钦，宋变兰，等，2005．洞庭湖平原区土壤全磷含量地统计学和GIS分析[J]．中国农业科学，38（6）：1204-1212．
骆永明，2009．污染土壤修复技术研究现状与趋势[J]．化学进展，21（z1）：558-565．
骆永明，2011．中国污染场地修复的研究进展、问题与展望[J]．环境监测管理与技术，23（3）：1-6．
吕建树，张祖陆，刘洋，等，2012．日照市土壤重金属来源解析及环境风险评价[J]．地理学报，67（7）：971-984.
吕鹏，毕志伟，朱鹏飞，等，2011．地学模拟相关技术的研究与进展[J]．地质通报，30（5）：677-682．
马民涛，孙磊，韩松，等，2010．空间统计分析集成技术及其在区域环境中的应用[J]．北京工业大学学报，36（4）：511-516．
马运，黄启飞，王琪，等，2009．六六六在典型污染场地中空间分布研究[J]．农业环境科学学报，28（8）：1562-1566.
孟斌，王劲峰，张文忠，等，2005．基于空间分析方法的中国区域差异研究[J]．地理科学，（4）：11-18．
裴韬，鲍征宇，1998．地球化学数据去噪方法研究[J]．地质地球化学，26（4）：86-90．
齐鑫山，王晓明，张玉芳，2000．环境监测数据空间分布规律的研究方法及应用：趋势面分析法[J]．环境保护，39（10）：20-22．
乔金海，潘懋，金毅，等，2011．基于DEM三维地层建模及一体化显示[J]．地理与地理信息科学，27（2）：34-37.
秦前清，杨宗凯，1994．实用小波分析[M]．西安：西安电子科技大学出版社．
任振辉，吴宝忠，2006．精细农业中最佳土壤采样间距确定方法的研究[J]．农机化研究，27（6）：82-85．
盛建东，肖华，武红旗，等，2005．不同取样尺度农田土壤速效养分空间变异特征初步研究[J]．干旱地区农业研究，23（2）：63-67．
石宁宁，丁艳锋，赵秀峰，等，2010．某农药工业园区周边土壤重金属含量与风险评价[J]．应用生态学报，21（7）：1835-1843．
陶锟，全向春，李安婕，等，2012．城市工业污染场地修复技术筛选方法探讨[J]．环境污染与防治，34（8）：69-74.

陶澍，1994．应用数理统计方法[M]．北京：中国环境科学出版社．
王珂，沈掌泉，Bailey J S，2001．精确农业田间土壤空间变异与采样方式研究[J]．农业工程学报，17（2）：33-36．
王琪，赵娜娜，黄启飞，等，2007．氯丹和灭蚁灵在污染场地中的空间分布研究[J].农业环境科学学报，26（5）：1630-1634．
王仁铎，胡光道，1988．线性地质统计学[M]．北京：地质出版社．
王新生，李全，郭庆胜，等，2002．Voronoi 图的扩展、生成及其应用于界定城市空间影响范围[J]．华中师范大学学报（自然科学版），36（1）：107-111．
王学锋，1993．土壤特性时空变异性研究方法的评述与展望[J]．土壤学进展，21（4）：42-49．
王洋，修春亮，2011．1990—2008 年中国区域经济格局时空演变[J]．地理科学进展，30（8）：1037-1046．
王政权，1999．地统计学及在生态学中的应用[M]．北京：科学出版社．
吴春发，吴嘉平，骆永明，等，2009．冶炼厂周边土壤重金属污染范围的界定与不确定性分析[J]．土壤学报，46（6）：1006-1012．
吴健生，王仰麟，曾新平，等，2004．三维可视化环境下矿体空间数据插值[J]．北京大学学报（自然科学版），40（4）：635-641．
吴蓉，周志芳，2004．基于指示克立格方法的裂隙介质渗透性参数空间分布规律分析[J]．水利学报，35（6）：104-107．
吴以中，朱沁园，刘宁，等，2012．污染场地地下水渗流场模拟与评价：以柘城县为例[J]．生态学报，32（4）：1283-1292．
肖斌，潘懋，赵鹏大，等，2001．时空多元指示克立格法的理论研究[J]．北京大学学报（自然科学版），37（1）：58-62．
谢云峰，陈同斌，雷梅，等，2010．空间插值模型对土壤 Cd 污染评价结果的影响[J]．环境科学学报，30（4）：847-854．
谢正苗，李静，王碧玲，等，2006．基于地统计学和 GIS 的土壤和蔬菜重金属的环境质量评价[J]．环境科学，27（10）：2110-2116．
阳文锐，王如松，黄锦楼，等，2007．反距离加权插值法在污染场地评价中的应用[J]．应用生态学报，18（9）：2013-2018．
阳文锐，王如松，李锋，2008．废弃工业场地有机氯农药分布及生态风险评价[J]．生态学报，28（11）：5454-5460．
杨劲松，姚荣江，刘广明，2008．电磁感应仪用于土壤盐分空间变异性的指示克立格分析评价[J]．土壤学报，45（4）：585-593．
杨奇勇，杨劲松，余世鹏，2011．禹城市耕地土壤盐分与有机质的指示克里格分析[J]．生态学报，31（8）：2196-2202．
姚荣江，杨劲松，姜龙，2006．黄河三角洲土壤盐分空间变异性与合理采样数研究[J]．水土保持学报，20（6）：89-94．
张贝，李卫东，杨勇，等，2011．贝叶斯最大熵地统计学方法及其在土壤和环境科学上的应用[J]．土壤学报，48（4）：831-839．
张朝生，陶澍，袁贵平，等，1995．天津市平原土壤微量元素含量的空间自相关研究[J]．土壤学报，32（1）：50-57．
张厚坚，王兴润，陈春云，等，2010．典型铬渣污染场地健康风险评价及修复指导限值[J]．环境科学学报，30（7）：1445-1450．
张龙，周海燕，2004．GIS 中基于 Voronoi 图的公共设施选址研究[J]．计算机工程与应用，40（9）：223-224．
张仁铎，2005．空间变异理论及应用[M]．北京：科学出版社．
张松林，张昆，2007．空间自相关局部指标 Moran 指数和 G 系数研究[J]．大地测量与地球动力学，27（3）：31-34．
张志红，赵成刚，李涛，2005．污染物在土壤、地下水及粘土层中迁移转化规律研究[J]．水土保持学报，19（1）：176-180．
赵慧，甘仲惟，肖明，2003．多变量统计数据中异常值检验方法的探讨[J]．华中师范大学学报（自然科学版），37（2）：133-137．

赵彦锋，郭恒亮，孙志英，等，2008．基于土壤学知识的主成分分析判断土壤重金属来源[J]．地理科学，28（1）：45-50．

赵玉杰，唐世荣，李野，2009．普通及指示克里格法在水稻禁产区筛选中的应用[J]．环境科学学报，29（8）：1780-1787．

钟茂生，姜林，姚珏君，等，2013．基于特定场地污染概念模型的健康风险评估案例研究[J].环境科学，34（2）：647-652.

周国法，徐汝梅，1998．生物地理统计学：生物种群时空分析的方法及其应用[M]．北京：科学出版社．

朱会义，刘述林，贾绍凤，2004．自然地理要素空间插值的几个问题[J]．地理研究，23（4）：425-432.

Aminzadeh F,1991．模式识别与图像处理[M]．李衍达，译．北京：石油工业出版社.

Anna Rite Gentile, European Environment Agency, 1999. Management of contaminated sites in Western Europe.

Agnew K, Cundy A B, Hopkinson L, et al. , 2011. Electrokinetic remediation of plutonium-contaminated nuclear site wastes: Results from a pilot-scale on-site trial [J]. Journal of Hazardous Materials, 186(2-3): 1405-1414.

Agostini P, Pizzol L, Critto A, et al., 2012. Regional risk assessment for contaminated sites Part 3: Spatial decision support system [J]. Environment International, 48(1):121-132.

Aichberger K, Bäck J, 2001. The Austrian soil sampling procedure tested in a field study (CEEM-project) [J]. Science of The Total Environment, 264(1): 175-180.

Arrouays D, Saby N P A, Thioulouse J, et al., 2011. Large trends in French topsoil characteristics are revealed by spatially constrained multivariate analysis [J]. Geoderma, 161(3):107-114.

Atkinson P M, Lloyd C D., 1998. Mapping precipitation in Switzerland with ordinary and indicator Kriging [J]. Journal of Geographic Information and Decision Analysis, 2(2): 65-76.

Baciocchi R, Berardi S, Verginelli I, 2010. Human health risk assessment: Models for predicting the effective exposure duration of on-site receptors exposed to contaminated groundwater [J]. Journal of Hazardous Materials, 181(1-3): 226-233.

Baillargeon S, 2005. Kriging review of the theory and application to the interpolation of precipitation data [D]. Thesis University of Laval (Quebec).

Bargaoui Z K, Chebbi A, 2009. Comparison of two kriging interpolation methods applied to spatiotemporal rainfall [J]. Journal of Hydrology, 365(1-2): 56-73.

Barreto-Neto A A, Silva A B D S, 2004. Methodological criteria for auditing geochemical data sets aimed at selecting anomalous lead–zinc–silver areas using geographical information systems [J]. Journal of Geochemical Exploration, 84(2): 93-101.

Bastante F G, Ordóñez C, Taboada J, 2008.Comparison of indicator Kriging, conditional indicator simulation and multiple-point statistics used to model slate deposits [J]. Engineering Geology, 98(1-2): 50-59.

Bechini L, Bocchi S, Maggiore T, 2003. Spatial interpolation of soil physical properties for irrigation planning. A simulation study in northern Italy [J]. European Journal of Agronomy, 19(1): 1-14.

Bohórquez L, Gómez I, Santa F, 2011. Methodology for the discrimination of areas affected by forest fires using satellite images and spatial statistics [J]. Procedia Environmental Sciences, 7(3): 389-394.

Borga M, 1997. Vizzaccaro on the interpolation of hydrologic variables: formal equivalence of multiquadratic surface fitting and kriging [J]. Journal of Hydrology, 195:160-171.

Bourennane H, King D, Couturier A, 2000. Comparison of kriging with external drift and simple linear regression for predicting soil horizon thickness with different sample densities [J]. Geoderma, 97(3-4): 255-271.

Box G E P, Cox D R, 1964. An analysis of transformations [J]. Journal of the Royal Statistical Society. Series B (Methodological), 26: 211-252.

Brody S D, Highfield W E, Thornton S,2006. Planning at the urban fringe: an examination of the factors influencing nonconforming development patterns in southern Florida [J]. Environment and Planning B: Planning and Design, 33(1):75-96.

Burgos P, Madejo´n E, Pe´rez-de-Mora A, et al., 2006.Spatial variability of the chemical characteristics of a trace-element-contaminated soil before and after remediation [J]. Geoderma, 130: 157-175.

Cai L, Xu Z, Ren M, et al., 2012. Source identification of eight hazardous heavy metals in agricultural soils of Huizhou, Guangdong Province, China [J]. Ecotoxicology and Environmental Safety, 78: 2-8.

Calcagno P, Chilès J P, Courrioux G, et al., 2008. Geological modelling from field data and geological knowledge: Part I. Modelling method coupling 3D potential-field interpolation and geological rules[J]. Physics of the Earth and Planetary Interiors, 171(1-4): 147-157.

Campbell J E, Moen J C, Ney R A, et al., 2008. Comparison of regression coefficient and GIS-based methodologies for regional estimates of forest soil carbon stocks [J]. Environmental Pollution, 152 (2): 267-273.

Campling P, Gobin A, Feyen J, 2001. Temporal and spatial rainfall analysis across a humid tropical catchment [J]. Hydrol Process, 15:359-375.

Carl G, Kühn I, 2007. Analyzing spatial autocorrelation in species distributions using Gaussian and logit models [J]. Ecological Modelling, 207(2-4): 159-170.

Carson J H, 2001. Analysis of composite sampling data using the principle of maximum entropy [J]. Environmental and Ecological Statistics, 8(3): 201-211.

Castillo K C, Körbl B, Stewart A, et al., 2011. Application of spatial analysis to the examination of dengue fever in Guayaquil, Ecuador [J]. Procedia Environmental Sciences, 7(1): 188-193.

Castoldi N, L Bechini L, Stein A, 2009. Evaluation of the spatial uncertainty of agro-ecological assessments at the regional scale: The phosphorus indicator in northern Italy [J]. Ecological Indicators, 9(55): 902-912.

CCME, 1996. Guidance Manual for Developing Site-Specific Soil Quality Remediation Objectives for Contaminated Sites in Canada [R]. Ottawa: CCME.

Chang Y H, Scrimshaw M D, Emmerson R H C, et al., 1998. Geostatistical analysis of sampling uncertainty at the Tollesbury Managed Retreat site in Blackwater Estuary, Essex, UK: Kriging and cokriging approach to minimise sampling density [J]. Science of The Total Environment, 221(1): 43-57.

Chen T B, Wong J W C, Zhou H Y, et al., 1997. Assessment of trace metal distribution and contamination in surface soils of Hong Kong [J]. Environmental Pollution, 96(1): 61-68.

Chen T, Liu X M, Li X, et al., 2009. Heavy metal sources identification and sampling uncertainty analysis in a field-scale vegetable soil of Hangzhou, China [J]. Environmental Pollution, 157(3): 1003-1010.

Chen Y, Ma H, 2006. Model comparison for risk assessment: A case study of contaminated groundwater [J]. Chemosphere, 63(5): 751-761.

Colombo J C, Cappelletti N, Lasci J, et al., 2006. Sources, vertical fluxes, and equivalent toxicity of aromatic hydrocarbons in coastal sediments of the Rio de la Plata Estuary, Argentina [J]. Environmental Science & Technology, 40(3):734-740.

Culshaw M G, 2005. From concept towards reality, developing the attributed 3D geological model of the shallow subsurface [J]. Quarterly Journal of Engineering Geology and Hydrogeology, 38(3): 231-284.

Dankoub Z, Ayoubi S, Khademi H, et al., 2012. Spatial distribution of magnetic properties and selected heavy metals in calcareous soils as affected by land use in the Isfahan region, central Iran [J]. Pedosphere, 22(1): 33-47.

Deutsch C V, Journel A G, 1998. GSLIB, Geostatistical Software Library and User's Guide [M]. New York: Oxford University Press: 369.

Dominick D, Juahir H, Latif M T, et al., 2012. Spatial assessment of air quality patterns in Malaysia using multivariate analysis [J]. Atmospheric Environment, 60(11): 172-181.

Eccles C S, Redford R P, 1999. The use of dynamic (window) sampling in the site investigation of potentially contaminated ground [J]. Engineering Geology, 53(2): 125-130.

Emery X, 2006. A disjunctive kriging program for assessing point-support conditional distributions [J]. Computers & Geosciences, 32(7): 965-983.

Emery X, 2008. Uncertainty modeling and spatial prediction by multi-Gaussian Kriging: Accounting for an unknown mean value [J]. Computers & Geosciences, 34 (11): 1431-1442.

Epperson B K, 2003. Covariances among join-count spatial autocorrelation measures [J]. Theoretical Population Biology, 64(1): 81-87.

Facchinelli A, Sacchi E, Mallen L, 2001. Multivariate statistical and GIS-based approach to identify heavy metal sources in soils [J]. Environmental Pollution, 114(3):313-324.

Falivene O, Cabrera L, Sáez A, 2007. Optimum and robust 3D facies interpolation strategies in a heterogeneous coal zone (Tertiary As Pontes basin, NW Spain) [J]. International Journal of Coal Geology, 71(2-3): 185-208.

Fernando A, Fernande J P A, Oliveira J F S, 2001. Comparative evaluation of European methods for sampling and sample preparation of soils — the Portuguese contribution [J]. Science of The Total Environment, 264(1): 181-186.

Figueira R, Tavares P C, Palma L, et al., 2009. Application of indicator Kriging to the complementary use of bioindicators at three trophic levels [J]. Environmental Pollution, 157(10): 2689-2696.

Forslund J, Samakovlis E, Johansson M V, et al., 2010. Does remediation save lives? — On the cost of cleaning up arsenic-contaminated sites in Sweden [J]. Science of the Total Environment, 408(16): 3085-3091.

Franco C, Soares A, Delgado J, 2006. Geostatistical modelling of heavy metal contamination in the topsoil of Guadiamar river margins (S Spain) using a stochastic simulation technique [J]. Geoderma, 136(3-4): 852-864.

Franco U A, López M C, Roca E, et al, 2009. Source identification of heavy metals in pastureland by multivariate analysis in NW Spain [J]. Journal of Hazardous Materials, 165(1): 1008-1015.

Frangi J P, Richard D, 1997. Heavy metal soil pollution cartography in northern France[J].The Science of The Total Environment, 205(1): 71-79.

Franssen H J W M H, Eijnsbergen A C V, Stein A, 1997. Use of spatial prediction techniques and fuzzy classification for mapping soil pollutants [J]. Geoderma, 77(2): 243-262.

Gallagher F J, Pechmann I, Bogden J D, et al., 2008. Soil metal concentrations and vegetative assemblage structure in an urban brownfield [J]. Environmental Pollution, 153(2): 351-361.

Getis A, Ord J K, 1996. Local spatial statistics: an overview[J] Longley P, Batty M, editors. Spatial Analysis: Modelling in a GIS Environment Cambridge GeoInformation International.

Goovaerts P, 1997. Geostatistics for natural resources evaluation [M]. New York: Oxford University Press: 158-160.

Goovaerts P, Trinh H, Demond A, et al., 2008. Geostatistical modeling of the spatial distribution of soil dioxins in the vicinity of an incinerator: theory and application to Midland, Michigan [J]. Environmental Science & Technology, 42(10): 3648-3654.

Goovaerts P, Webster R, Dubois J P, 1997. Assessing the risk of soil contamination in the Swiss Jura using indicator geostatistics [J]. Environmental and Ecological Statistics, 4(1): 31-48.

Gustavsson B, Luthbom K, Lagerkvist A, et al., 2006. Comparison of analytical error and sampling error for contaminated soil [J]. Journal of Hazardous Materials, 138(2): 252-260.

Huo X N, Li H, Sun D F, et al., 2012. Combining Geostatistics with Moran's I Analysis for Mapping Soil Heavy Metals in Beijing, China [J]. International Journal of Environmental Research and Public Health, 9(3): 995-1017.

Idris A M, 2008. Combining multivariate analysis and geochemical approaches for assessing heavy metal level in sediments from Sudanese harbors along the Red Sea coast [J]. Microchemical Journal, 90(2): 159-163.

Jing N, Cai W X, 2010. Analysis on the spatial distribution of logistics industry in the developed East Coast Area in China [J], The Annals of Regional Science, 45(2): 331-350.

Jobson J, 1991. Applied multivariate data analysis: Regression and experimental design categorical and multivariate methods. New York: Springer: 621.

Journel A G, 1983. Nonparametric-estimation of spatial distribution [J]. Journal of the International Association for Mathematical Geology, 15(3): 445-468.

Journel A G, 1980. The lognormal approach to predicting local distributions of selective mining unit grades [J]. Journal of Mathematical Geology, 12(4): 285-303.

Journel A G, Deutsch C V, 1996. Rank order geostatistics: A proposal for a unique coding and common processing of diverse data [J]. Geostatistics Wollongong, 96(1):174-187.

Juang K W, Dar Y L, Teng Y L, 2005. Adaptive sampling based on the cumulative distribution function of order statistics to delineate heavy-metal contaminated soils using Kriging [J]. Environmental Pollution, 138(2): 268-277.

Juang K W, Lee D Y, Ellsworth T R, 2001. Using rankorder geostatistics for spatial interpolation of highly skewed data in a heavy-metal contaminated site [J]. Journal of Environmental Quality, 30(3): 894-903.

Juang K W, Lee D Y. 1998. A comparison of three Kriging methods using auxiliary variables in heavy-metal contaminated soils [J]. Journal of Environmental Quality, 27(2): 355-363.

Juang K W, Liao W J, Liu T L, et al,2008. Additional sampling based on regulation threshold and kriging variance to reduce the probability of false delineation in a contaminated site [J]. Science of The Total Environment, 389(1): 20-28.

Kabos S, Csillag F, 2002. The analysis of spatial association on a regular lattice by join-count statistics without the assumption of first-order homogeneity [J]. Computers & Geosciences, 28(8): 901-910.

Kamaruddin S A, Sulaiman W N A, Rahman N A, et al, 2011. A review of laboratory and numerical simulations of hydrocarbons migration in subsurface environments [J]. Journal of Environmental Science and Technology, 4(3): 191-214.

Katy A B, Ramsey M H, 2010. Uncertainty of measurement or of mean value for the reliable classification of contaminated land [J]. Science of The Total Environment, 409(2): 423-429.

Komnitsas K, Modis K, 2006. Soil risk assessment of As and Zn contamination in a coal mining region using geostatisretics [J]. Science of the Total Environment, 371(1-3): 190-196.

Kulldorff M, 1997. A spatial scan statistic [J]. Communications in Statistics - Theory and Methods, 26(6): 1481-1496.

Lacarce E, Saby N P A, Martin M P, et al., 2012. Mapping soil Pb stocks and availability in mainland France combining regression trees with robust geostatistics [J]. Geoderma, 170(1): 359-368.

Lai D J, 2009. Testing spatial randomness based on empirical distribution function: A study on lattice data [J]. Journal of Statistical Planning and Inference, 139(2): 136-142.

Lark R M , Ferguson R B, 2004. Mapping risk of soil nutrient deficiency or excess by disjunctive and indicator kriging [J]. Geoderma, 118(1-2): 39-53.

Lark R M, 2002. Modelling complex soil properties as contaminated regionalized variables [J]. Geoderma, 106(3): 173-190.

Lemming G, Chambon J C, Binning P J, et al., 2012. Is there an environmental benefit from remediation of a contaminated site? Combined assessments of the risk reduction and life cycle impact of remediation [J]. Journal of Environmental Management, 112(15): 392-403.

Li X, Lee S L, Wong S C, et al. ,2004. The study of metal contamination in urban soils of Hong Kong using a GIS-based approach[J]. Environmental Pollution, 129(1):113-124.

Lischer P, Dahinden R, Desaules A, 2001. Quantifying uncertainty of the reference sampling procedure used at Dornach under different soil conditions [J]. Science of The Total Environment, 264(1): 119-126.

Liu Geng, Bi Rutian, Wang Shijie, et al.,2013.The use of spatial autocorrelation analysis to identify PAHs pollution hotspots at an industrially contaminated site [J]. Environmental Monitoring and Assessment, 185(1): 9549-9558.

Martin D, 1996. An assessment of surface and zonal models of population [J]. International Journal of Geographic Information Systems, 10(8): 973-989.

Martín J A R, Arias M L, Corbí J M G, 2006. Heavy metals contents in agricultural topsoils in the Ebro basin (Spain). Application of the multivariate geoestatistical methods to study spatial variations [J]. Environmental Pollution, 144(3): 1001-1012.

Matheron G, 1963. Principles of geostatistics [J]. Economic Geology, 58(8): 1246-1266.

McBratney A B, Webster R, McLaren R G, et al.,1982. Regional variation of extractable copper and cobalt in the topsoil of south-east Scotland [J]. Agronomie, 2(10):50-55.

McGrath D, Zhang C, Carton O T, 2004. Geostatistical analyses and hazard assessment on soil lead in Silvermines area, Ireland [J]. Environment and Pollution, 127(2): 239-248.

Meirvenne M V, Goovaerts P, 2001. Evaluating the probability of exceeding a site-specific soil cadmium contamination threshold [J]. Geoderma, 102(1-2): 75-100.

Michael H R, Argyraki A, 1997. Estimation of measurement uncertainty from field sampling: implications for the classification of contaminated land [J]. Science of The Total Environment, 198(3): 243-257.

Micó C, Peris M, Sánchez J, et al., 2006. Heavy metal content of agricultural soils in a Mediterranean semiarid area: the Segura River Valley (Alicante, Spain).[J]. Spanish Journal of Agricultural Research, 4(4): 363.

Office of Solid Waste and Emergency Response.,1988.Guidance for conducting remedial investigation and feasibility studies under CERCLA [R]. Washington DC: U.S.EPA.

Office of Solid Waste, 1998. Technical background document for the supplement report for congress on remaining fossil fuel combustion wastes. Ground Pathway Human Health Risk Assessment [R].

Ozdamar L, Demirhan M, Ozpinar A, 1999. A comparison of spatial interpolation methods and a fuzzy areal evaluation scheme in environmental site characterization [J]. Computers, Environment and Urban Systems, 23(5): 399-422.

Panagopoulos T, Jesus J, Antunes M D C, et al., 2006. Analysis of spatial interpolation for optimizing management of a salinized field cultivated with lettuce [J]. European Journal of Agronomy, 24(1): 1-10.

Pantazidou M, Liu K, 2008. DNAPL distribution in the source zone: Effect of soil structure and uncertainty reduction with increased sampling density [J]. Journal of Contaminant Hydrology, 96(4): 169-186.

Patil, G P, Taillie C, 2001. Use of best linear unbiased prediction for hot spot identification in two-way compositing [J]. Environmental and Ecological Statistics, 8(2):163-169.

Prasannakumar V, Vijith H, Charutha R, et al., 2011. Spatio-temporal clustering of road accidents: GIS based analysis and assessment [J]. Procedia - Social and Behavioral Sciences, 21(2): 317-325.

Price D T, 2000. A comparison of two statistical methods for spatial interpolation of Canadian monthly mean climate data [J]. Agricultural and Forest Meteorology, 101(2): 81- 94.

Puente C E, Bras R L., 1986. Disjunctive Kriging, universal Kriging, or no Kriging: Small sample results with simulated fields [J]. Mathematical Geology, 18 (3): 287- 305.

Rawlins B G, Lark R M, O'Donnell K E, et al., 2005. The assessment of point and diffuse metal pollution of soils from an urban geochemical survey of Sheffield, England [J]. Soil Use and Management, 21(4): 353-362.

Robinson T P, Metternicht G, 2006. Testing the performance of spatial interpolation techniques for mapping soil properties [J]. Computers and Electronics in Agriculture, 50(2): 97-108.

Rudland D J, Lancefield R M, Mayell P N, 1999. Contaminated land risk assessment: a guide to good practice.

Running S W. 1987. Extrapolation of synoptic meteorological data in mountainous terrain and its use in simulating forest evapotranspiration rate and photosynthese [J]. Canadian Journal of Forest Research, 17(2): 472-483.

Saby N P A, Thioulouse J, Jolivet C C, et al., 2009. Multivariate analysis of the spatial patterns of 8 trace elements using the French soil monitoring network data [J]. Science of The Total Environment, 407(21): 5644-5652.

Saito H, Goovaerts P, 2000. Geostatistical interpolation of positively skewed and censored data in a dioxin-contaminated site [J]. Environmental Science & Technology, 34(19): 4228-4235.

Sastre J, Vidal M, Rauret G, et al., 2001. A soil sampling strategy for mapping trace element concentrations in a test area [J]. Science of The Total Environment, 264(1): 141-152.

Schloeder C A, Zimmerman N E, Jacobs M J, 2001. Comparison of methods for interpolating soil properties using limited data [J]. Soil Science Society of America Journal, 65(2): 470-479.

Selvarasu S, Kim D Y, Karimi I A, et al., 2010. Combined data preprocessing and multivariate statistical analysis characterizes fed-batch culture of mouse hybridoma cells for rational medium design [J]. Journal of Biotechnology, 150(1): 94-100.

Shi W J, Liu J Y, Du Z P, et al., 2009. Surface modelling of soil pH [J]. Geoderma, 150(1-2): 113-119.

Sinha P, Lambert M B, Schew W A, 2007. Evaluation of a risk-based environmental hot spot delineation algorithm [J]. Journal of Hazardous Materials, 149(2): 338-345.

Su S L, Jiang Z L, Zhang Q, et al., 2011. Transformation of agricultural landscapes under rapid urbanization: A threat to sustainability in Hang-Jia-Hu region, China [J]. Applied Geography, 31(2): 439-449.

Szabová E, Zeljenková D, Nescáková E, et al., 2008. Polycyclic aromatic hydrocarbons and occupational risk factor [J]. Reproductive Toxicology, 26(1):74.

Tiefelsdorf M, Boots B, 1997. A note on the extremities of Local Moran's I is and their impact on Global Moran's I [J]. Geographical Analysis, 29(3): 248-257.

U S EPA,1989.EPA/540/l-89/002. Risk Assessment Guidance for Superfund, Volume Ⅰ Human Health Evaluation Manual (Part A) [S].

UK EA, 2001. The UK approach for evaluating human health risks from petroleum hydrocarbons in soils [EB/OL].

United States, 1986. Superfund Amendments and Reauthorization Act [Z], Washington DC: United States.

US EPA, 1992. Guideline for exposure assessment [EB/OL]. Federal Register, Washington DC,57(104): 22888-22938.

Verfaillie E, Lancker V V, Meirvenne M V, 2006. Multivariate geostatistics for the predictive modelling of the surficial sand distribution in shelf seas [J]. Continental Shelf Research, 26(19): 2454-2468.

Verstraete S, Meirvenne M V, 2008. A multi-stage sampling strategy for the delineation of soil pollution in a contaminated brown field [J]. Environmental Pollution, 154(2):184-191.

Wang G S, Deng Y C, Lin T F, 2007. Cancer risk assessment from trihalomethanes in drinking water[J]. Science of the Total Environment, 387(1): 86-95.

Wang G W, ZhuY Y, Zhang S T, et al, 2012. 3D geological modeling based on gravitational and magnetic data inversion in the Luanchuan ore region, Henan Province, China [J]. Journal of Applied Geophysics, 80(5): 1-11.

Wang X J, Qi F, 1998. The effects of sampling design on spatial structure analysis of contaminated soil [J]. Science of The Total Environment, 224(1-3): 29-41.

Waser M N, Mitchell R J, 1990. Nectar standing crops in delphinium nelsonii flowers: spatial autocorrelation among plants [J]. Ecology, 71(1): 116-123.

Webster R, Oliver M A, 2001. Geostatistics for Environmental Scientists [D]. New York:John Wiley & Sons Inc.

William L W, Eileen P P, Sean A M, 1999. UNCERT: geostatisties, uncertainty analysis And visualization software applied to groundwater flow and contaminant transport modeling [J]. Computers and Geosciences, 25(4):365-376.

Wu C F, Wu J P, Luo Y M, et al., 2011. Spatial interpolation of severely skewed data with several peak values by the approach integrating kriging and triangular irregular network interpolation [J]. Environmental Earth Science, 63(5): 1093-1103.

Wu J, Norvell W A, Welch R M, 2006. Kriging on highly skewed data for DTPA-extractable soil Zn with auxiliary information for pH and organic carbon [J]. Geodeama, 134(1-2): 187-199.

Xie Y F, Chen T B, Lei M, et al., 2011. Spatial distribution of soil heavy metal pollution estimated by different interpolation methods: Accuracy and uncertainty analysis [J]. Chemosphere, 82(3): 468-476.

Yalcin G M, Iihan S., 2008. Multivariate analyses to determine the origin of potentially harmful heavy metals in beach and dune sediments from Kizkalesi coast (Mersin), Turkey [J]. Bulletin of Environmental Contamination and Toxicology, 81(1): 57-68.

Yang J, Huang Z C, Chen T B, et al., 2008. Predicting the probability distribution of Pb-increased lands in sewage-irrigated region: a case study in Beijing, China [J]. Geoderma, 147(3-4): 192-196.

Yao T, Journel A G, 1998. Automatic modeling of (cross) covariance tables using fast Fourier transform [J]. Mathematical Geology, 30(6): 589-615.

Zhang C S, 2006. Using multivariate analyses and GIS to identify pollutants and their spatial patterns in urban soils in Galway, Ireland [J]. Environmental Pollution, 142(3): 501-511.

Zhang C S, McGrath D, 2004. Geostatistical and GIS analyses on soil organic carbon concentrations in grassland of southeastern Ireland from two different periods [J]. Geoderma, 119(3-4): 261-275.

Zhang C, Selinus O, 1997. Spatial analyses for copper, lead and zinc contents in sediments of the Yangtze River basin [J]. Science of The Total Environment, 204(3): 251-262.

Zhang H, Huang G H, Zeng G M, 2009. Health risks from arsenic-contaminated soil in Flin Flon-Creighton, Canada: Integrating geostatistical simulation and dose–response mode [J]. Environmental Pollution, 157 (8-9): 2413-2420.

Zhang, C S, Luo L, Xu W L , et al., 2008. Use of local Moran's I and GIS to identify pollution hotspots of Pb in urban soils of Galway, Ireland [J]. Science of The Total Environment, 398(1-3): 212-221.

Zhao F J, McGrath S P, Merrington G, 2007. Estimates of ambient background concentrations of trace metals in soils for risk assessment [J]. Environmental Pollution, 148(1): 221-229.

Zorzi P d, Barbizzi S, Belli M, et al., 2008a. Estimation of uncertainty arising from different soil sampling devices: The use of variogram parameters [J]. Chemosphere, 70(5):745-752.

Zorzi P d, Barbizzi S, Belli M, et al., 2008b. Soil sampling strategies: Evaluation of different approaches [J]. Applied Radiation and Isotopes, 66(11): 1691-1694.